少年趣味科学丛书

奇妙的能源

QIMIAO DE NENGYUAN

詹以勤 主编
余俊雄 著

广西科学技术出版社

图书在版编目（CIP）数据

奇妙的能源 / 余俊雄著. —2 版. —南宁：广西科学技术出版社，2012.6（2020.6 重印）
（少年趣味科学丛书）
ISBN 978-7-80619-760-8

Ⅰ. ①奇… Ⅱ. ①余… Ⅲ. ①能源—少年读物 Ⅳ. ① TK01-49

中国版本图书馆 CIP 数据核字（2012）第 138012 号

少年趣味科学丛书
奇妙的能源
余俊雄　著

责任编辑　陆媛峰　　**封面设计**　叁壹明道
责任校对　陈业槐　　**责任印制**　韦文印

出 版 人　卢培钊
出版发行　广西科学技术出版社
（南宁市东葛路 66 号　邮政编码 530023）
印　　刷　永清县晔盛亚胶印有限公司
（永清县工业区大良村西部　邮政编码 065600）
开　　本　700mm × 950mm　1/16
印　　张　7.875
字　　数　103 千字
版次印次　2020 年 6 月第 2 版第 4 次
书　　号　ISBN 978-7-80619-760-8
定　　价　16.00 元

代序　致二十一世纪的主人

钱三强

时代的航船已进入21世纪。世纪之交，对我们中华民族的前途命运，是个关键的历史时期。现在10岁左右的少年儿童，到那时就是驾驭航船的主人，他们肩负着特殊的历史使命。为此，我们现在的成年人都应多为他们着想，为把他们造就成21世纪的优秀人才多尽一份心，多出一份力。人才成长，除了主观因素外，客观上也需要各种物质的和精神的条件，其中，能否源源不断地为他们提供优质图书，对于少年儿童，在某种意义上说，是一个关键性条件。经验告诉人们，往往一本好书往往可以造就一个人，而一本坏书则可以毁掉一个人。我几乎天天盼着出版界利用社会主义的出版阵地，为我们21世纪的主人多出好书。广西科学技术出版社在这方面作出了令人欣喜的贡献。他们特邀我国科普创作界的一批著名科普作家，编辑出版了大型系列化自然科学普及读物——《少年科学文库》（以下简称《文库》）。《文库》分“科学知识”“科技发展史”和“科学文艺”三大类，约计100种。《文库》除反映基础学科的知识外，还深入浅出地全面介绍当今世界最新的科学技术成就，充分体现了90年代科技发展的前沿水平。现在科普读物已有不少，而《文库》这批读物特别有魅力，主要表现在观点新、题材新、角度新和手法新，内容丰富、覆盖面广、插图精美、形式活泼、语言流畅、通俗易懂，富于科学性、可读性、趣味性。因此，说《文库》是开启科技知识宝库的钥匙，缔造21世纪人才的摇篮，并不夸张。《文库》将成为中国少年朋友增长知识、发展智慧、促进成长的亲密朋友。

亲爱的少年朋友们，当你们走上工作岗位的时候，呈现在你们面前的将是一个繁花似锦、具有高度文明的时代，也是科学技术高度发达的崭新时代。现代科学技术发展速度之快、规模之大、对人类社会的生产和生活产生影响之深，都是过去无法比拟的。我们的少年朋友，要想胜任驾驭时代的航船，就必须从现在起努力学习科学，增长知识，扩大眼界，认识社会和自然发展的客观规律，为建设有中国特色的社会主义而艰苦奋斗。

我真诚地相信，在这方面，《文库》将会为你们提供十分有益的帮助。同时我衷心地希望，你们一定要为当好21世纪的主人，知难而进、锲而不舍，从书本、从实践吸取现代科学知识的营养，使自己的视野更开阔、思想更活跃、思路更敏捷，更加聪明能干，将来成长为杰出的人才，为中华民族的科学技术走在世界的前列，为中国迈入世界科技先进强国之林而奋斗。

亲爱的少年朋友们，祝愿你们在奔向 21 世纪的航程中充满闪光的成功之标。

这本书告诉我们什么

人类的生活、社会的发展都离不开能源。没有煤、石油和天然气，许多机器开不动、发电机发不了电、汽车跑不动、火车走不了、飞机上不了天。

人类利用能源的历史十分悠久。早在远古时期，原始人类就用木柴取火，为人类社会带来温暖和光明；人类用自己和牲畜肌肉的能量，创造了最初的文明：农耕和手工作业；煤的开发和使用促使了蒸汽机的发明和应用，开创了人类文明史上第一次工业革命，为人类社会带来一缕现代化的曙光；石油和天然气的开发和使用促使了内燃机的发明和应用，为人类社会的进一步现代化带来光明。火力和水力的利用，再造了改写人类文明史的新型能源——电力，电气化的画笔为人类社会现代化添上了新的光彩。

可是，曾几何时，随着工业化的推进，地球上现有的能源显得不足，开始出现了能源危机。为此，一个开发新能源的战斗开始了。原来不为人重视的风能、太阳能受到人类的青睐；原来不为人注目的地热能、海洋能唤起了人类新的热忱；原来躲在原子深处的核能也被人类开发出来了。人类又找到了解脱能源危机的希望之星。

本书将向你展示各种新老能源的状况，通过有趣的故事、生动的事例、活泼的文图，介绍能源的过去、现在和将来。相信你读这本书后，会对奇妙的能源产生兴趣，并在生活中与它交朋友，很好地了解它、开发它、利用它。

余俊雄

目　录

能源的家谱

在我们的生活和工作中，需要各种各样的能量。做饭，需要热能；照明，需要光能；开车，需要机械能；看电视，需要电能……这些能量的来源，也就是产生这些能量的资源，就叫“能源”。

能源种类很多，它们构成一个大家族。人类利用能源的历史很悠久，认识和利用的能源形式越来越多。也就是说，能源的家族成员在不断增加。随着人类利用能源的技术越来越进步，人类改进自然的手段也越来越成熟，人类社会也就越来越先进。

现在就让我们打开能源的家谱，认识能源家族中的各位成员吧。

能源的兄弟们

我们生活的自然界，有许多现成的能量资源，它们是能源家族的基本成员。这些成员有的是人类早就认识的老大哥，有的则是人类新近认识的小弟弟。

能源家族的老大哥，人们称它们是古老的能源，也叫常规能源。它们分别是人和动物的体能、草木燃料、煤、石油、风能和水能等。

能源家族的小弟弟，人们称它们是新型的能源，也叫新能源。它们是能源家族的后起之秀。它们分别是太阳能、地热能、海洋能和原

子能等等。

人和动物的体能是最古老的能源。在原始社会和奴隶社会中，生产中的动力主要来源于人力和畜力，也就是人和畜的体力。狩猎、耕田靠人力；纺纱、织布也靠人力。奴隶主甚至将奴隶当成“会说话的工具”，人的肌肉动力成了生产的主要能源。原始社会的后期，人们开始饲养牲畜，并用牲畜的力量来代替人力。早在公元前三世纪时，在西亚幼发拉底和底格里斯河流域及埃及等地，就开始使用畜力来拉犁耕田。我国则在公元前2600年左右开始利用畜力来拉车。

由于能源和生产技术的进步，人类和动物的体力已经得到了大大的解放，但是，在现代生活中，人和动物的体力还要经常用到，当然使用的劳动强度将是轻微的，而且性质也有变化，从主要用于生产上到变为主要用在消闲上。

草木燃料是一种植物燃料，这也是一种大自然普遍存在和可以方便取得的能源。人类利用草木燃料的方式是取火。而人类学会使用火，则是人类在能源利用上一次大跃进。火驱走了黑暗，温暖了身躯，烤熟了食物。

50万年前的猿人还不会自己生火，它们靠雷电的天火或火山的余烬来取得火种。大约10万年前，人类的祖先学会了钻木取火，也就是用木柴和石块等物互相摩擦产生火种。钻木取火的本质，就是将贮存在植物内部的化学能变为热能和光能。革命导师恩格斯指出：“摩擦生火第一次使人支配了一种自然力，从而最后把人从动物界分离出来。”可以说，有了人造火种，才有人类历史的开端。

煤和石油则是埋藏在地下的能源，一开始它们并不为人类所认识。直到2000多年前，这种埋没多年的能源才为人类发现。由于它们发热量高，效率好，所以很快取代植物燃料，而为人类所普遍使用。而且，煤和石油的使用，竟促使了历史上有名的“工业革命”，推动了人类历史的大跃进。

18世纪中叶，煤的使用带动了蒸汽机的发明，蒸汽机通过燃烧煤，实现了从热能到机械能，即机械运动的转化，使人类有了织布机、火车、冶金用的鼓风炉等等工具和机器，从此，第一种近代能源工业——煤炭工业开始在世界上广泛地建立起来了。

19世纪末叶，世界上几个先进的工业国家先后完成了工业革命，蒸汽机已经得到普遍的应用。但是，在使用中，蒸汽机的缺点暴露出来了，它十分笨重而且效率低，于是，一种使用石油作能源的新型动力——内燃机出现了。它很快在许多工业部门代替了老式的外燃机——蒸汽机，成了汽车、轮船、飞机、拖拉机和新型机车的理想动力。

风能和水能也是在大自然中常见的能源。人类利用风能和水能的历史比使用煤还早。在原始社会的后期，就有了用风推动的帆船。后来，又有了用风车和用风车推动的碾磨和灌溉、排水机械。利用水力的记载最早出自我国的汉朝，距今有1900多年的历史。用水力推动的水碓可以用来碾米；用水力推动的水轮可以带动纺车和锻锤。但是，由于各种原因，风能没有得到大力的发展；而水力则在发电事业中大显身手。

太阳能其实也不是人类新近才认识的能源。人类早就知道用太阳光来取暖，古代的民居大都朝南而建，为的就是多得一点太阳光。后来人类发明了聚光镜，懂得汇集太阳光来产生高温。但是，在过去，人类利用太阳能的效率不高。只是到了现代，尤其是半导体光电池发明后，才使人类对太阳能的利用有了新的突破。也正因为如此，太阳能才成了一种新能源。

地热能实际上也早被人们所认识，温泉的开发就是利用了地热能。我国早在唐代之前就广泛利用温泉来洗澡。杨贵妃在长安华清池温泉洗浴的故事，为大家所熟知。但是，和利用太阳能一样，人类真正重视利用地热能，也是近代的事。所以，地热能也被人们当作新能源来开发。

从字面上看，海洋能是贮藏在海洋中的能源。从本质来分析，海洋也是由水组成的，海洋能也是水能的一种。但是，江河里的水能归根结底来源于太阳能，而海洋里的水能除来源于太阳能外，还来源于太阳能和月球等对地球的引力，所以海洋能比起一般的水能来说，可利用的方面更多。如海洋的波浪、海流、潮汐和温差等，都可以作为动力。由于海洋能的多方面利用也是近年来的事，所以它也是一种新能源。

原子能是一种真正的新能源。因为人类认识原子结构是本世纪初的事。1905 年，天才的科学家爱因斯坦预言到了原子内部的巨大能量。1919 年，原子科学家第一次用人工方法释放出了原子核的能量。从此，开始了人类历史上一次能源的新革命。

能源大家族

人类在考察自己的身世时，往往要追溯自己的祖先。那么，能源家庭的兄弟们的祖先是谁呢？也就是说，能源之源在哪儿呢？

经过科学家追根溯源，你也许会感到意外，原来地球上的大部分能源都来自地球外的天体——太阳。此外，还有一部分能源则来自别的天体和地球内部。最后，还有一些能源是来自天体与地球的作用。

这样分析起来，能源兄弟们共组成两大家族：太阳能家族和非太阳能家族。

属于太阳能家族的成员有：人和动物的体能、草木燃料、煤、石油、天然气、风能、水能、海洋能中的海水热能、海流动能、海浪动能等。这些能源归根结底都是由太阳能转化而来的。太阳光使植物产生光合作用而生长；动物又吃了植物而生长；动、植物在地底下经细菌分解，在高温、高压与空气隔绝的条件下，变成了煤和石油。难怪有的煤块上还留有古代植物的痕迹哩。由此可见，它们的祖先都是太阳能。

属于非太阳能家族的成员，又可以分成三个支系。其中第一个支系来源于太阳之外的其他天体。比如雷电能、宇宙射线能等。不过，目前人类还没有有效地利用这些能源，倒是有时感受到了这些能源的破坏作用。比如雷电击人和破坏家用电器等、宇宙射线损害宇航员身体健康等。

有的煤留有古代植物的痕迹

石油是由古代生物变来的

非太阳能家族的第二个支系来自地球内部和地球本身的能源。它们是地热能、火山能、地震能和原子能等。地热能和原子能是人们正在大力开发的新能源，它们的前程不可估量。而火山能和地震能在目前来说非但没有得到利用，而且是一种对人类具有极大破坏力的能源。人类现在紧要的工作是努力预报这些能源的发生，至于如何利用它们则是其次的工作。

非太阳能家族的第三支系来自天体与地球的作用，也就是说，这一支系的能源是天体和地球相互作用而造成的。这类能源有海洋中的潮汐能等。大家知道，海水的潮汐是由于太阳、月球以及地球外的其他天体对地球海水的作用造成的，其中起主要作用的是月球。目前，人类对这种作用的规律有了充分的认识，所以，这种能源也越来越多地得到了利用。

能源家族的成员十分多，但它们的寿命却不一样。有的寿终就永远告别人间；有的却可以再生、重返人间。

煤、石油、天然气、草木燃料和原子能，以及人和动物的体能，都是一次性的，用完就永远消失了。而这些能源在地球上的储量是有限的，所以我们必须特别珍惜。由于世界各国技术和经济不断发展，所以能源的消耗量越来越多。从整个世界范围来统计，能源的消耗每 10 多年要增加一倍。1975 年世界各种能源的总产量为 85.7 亿吨，到 20 世纪末，就得消耗 170 亿吨以上，因此，地球上非再生能源将越来越少。而目前已经探明的地球能源储量，煤炭为 14170 亿吨、石油为 880 亿吨。所以，再这样成倍地消耗下去，就会产生能源危机。这种危机在 1973 年发生的中东战争中，更引起了世界的关注。美国人发现自己现有的石油、天然气资源只够用 15 年左右，而全世界现有的油、气资源也只够用三四十年了。因此，能源危机成了当今世界关注的大事之一。

幸亏在能源家族中，还有一批取之不尽、用之不竭的成员，它们就是可再生能源。这些能源有太阳能、水能、风能、海洋能、植物能、地热能等。太阳是地球的母亲，它和地球“同生共存”，它日夜不停地向地球辐射着它的能量。地球每年能得到它 6.1×10^{12} 大卡的热量，相当于 870000 亿吨燃烧煤的热量。而目前我们能利用到的，还远远不及这个热量的万分之一，况且太阳向宇宙辐射的热量远远不止这些啊！再说水能、风能、海洋能和植物能等，都是太阳能家族中的成员，只要太阳永远存在，它们也就不会中断和消亡。所以，人类决不能在能源危机面前手足无措，人们在这些再生能源的身上，看到了人类利用能源的曙光，人类一定会开发出再生能源等新能源，顺利地度过能源危机。

能源的“子孙”

我们前面介绍的能源，都是自然界中现成存在的能源资源，也就是能源兄弟的原形。它们未经过人类的乔装打扮。这种能源，科学家称它们为“一次能源”，也就是天然能源。

在我们日常生活和生产中，还有一些能源，我们听起来并不陌生，但是它们并不是天生就存在的，而是经过人类加工和改造过的，它们实际上是由天然能源转换和变化而来的。这类能源科学家称之为“二次能源”，也叫人工能源，也有人形象地称它们为能源的“儿子”。

煤、石油、天然气、植物燃料、人和动物的体能、太阳能、风能、水能、地热能、海洋能和原子能等都是自然存在的一次能源。

一次能源人类比较容易辨识，下面我们来揭开各种二次能源的面纱，看一看它们的真面目。

在我国南方，冬天取暖要用木炭；在北方，烤羊肉串和吃火锅等也常烧木炭。我国发明的火药中也有木炭。这种木炭就是一种二次能源，它是用木柴在缺乏空气的炉子里烧制而成的，所以它们实际上是由草木燃料变化而来的，可以说是草木燃料的“儿子”。

在沼泽地或水塘里，人们常常会看到一串串气泡从水底冒出来，如果用玻璃瓶把它们收集起来，点着后，会发现一股淡蓝色的火焰，这种气体就是沼气。它也是一种二次能源，是草木燃料和其他有机物质在一定条件下变化而成的，可以说它也是草木燃料的“儿子”。

也许你还听说过焦炭和煤气这两种能源吧，它们也是二次能源。焦炭是炼钢工业不可缺少的能源，煤气则是许多家庭做饭要用的能源。它们是怎么来的呢？原来它们都是由煤制取而得到的，也就是由煤变化而来的，它们可以称得上是煤的“儿子”。

我们熟悉的能源中，还有汽油、煤油、柴油等等，它们又是如何得到的呢？也是从一次能源而来的吧？对。它们都是二次能源，都是石油变化而来的。也就是说，它们都是石油家庭的“下一代”。

提起石油家庭，这可是一个大家庭。由石油而衍生出来的“子子孙孙”有一大帮。在儿子辈中，汽油是老大、煤油是老二、柴油是老三，还有老四润滑油、老五石蜡、老六沥青、老七液化石油气等等。汽油是目前应用最广泛的能源之一，汽车和老式飞机等等，都要用上它。现今大部分汽车分别要烧各种汽油，而老式螺旋桨飞机烧的则是“航空汽油”。煤油过去用来点灯，现在则大量用来作拖拉机和现代飞机的燃料。柴油是现代内燃机车的主要燃料。润滑油则广泛用在各种机车的轮轴中。自行车轴承中加点润滑油，踩起来就轻松多了。石蜡是制造蜡烛的原料，生日里离不开它。沥青是铺路的主要原料。液化石油气已经通入了许多家庭的厨房，成了做饭的主要能源。

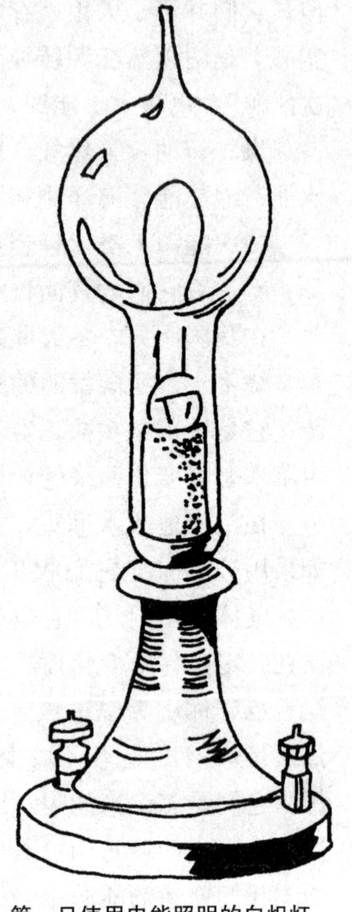
第一只使用电能照明的白炽灯

近年来，一种新型的二次能源逐渐引起科学家的兴趣，这就是氢能。氢是世界上最轻的一种化学元素，又是一种产生热量值极高的燃料。它的发热本领在各种元素中是最高的，1000 克氢可以发出 34000 千卡的热量，是汽油的 3 倍、焦炭的 4.5 倍。过去由于制氢技术不先进，所以氢作为燃料没有得到广泛利用。现在，科学家们通过分解水，可以得到氢，通过煤、石油和天然气也可以分离出氢来。所以氢也是一种二次能源，即“儿子”型能源，不过它的“父亲”不止一个。

上面我们说的二次能源储存起来都非常方便，因此广泛应用在一些运动性的交通工具中，如汽车、火车、轮船和飞机等。科学家把这种二次能源称作“含能体能源”，也就是说，它们本身就包含有燃烧体，可以随身携带。

还有一类二次能源，比如电能，它使用很方便，但携带起来不方便。科学家把这种能源叫作“过程性能源”。电能可以方便地转化为其他能，如热能、光能、机械能、化学能等，可以用来点燃电灯、加热电炉、开动电动机、分离水等，所以成为当今世界广泛应用的能源之一。可是，电能只是一种处在变化“过程”中的能源，没法直接储存。它是由一次能源变来的，如用煤变来的电叫火力发电、由风变来的电叫风力发电、由水变来的电叫水力发电、由潮汐变来的电叫潮汐发电、由地热变来的电叫地热发电、由原子能变来的电叫原子能发电等。由此看来，“过程性能源”和“含能体能源”只有紧密合作，才能发挥出巨大的作用。

有的二次能源还会继续衍生出新的能源来，这种新能源就是孙子辈的能源了。比如石油可以制成甲烷等能源，它和汽油一样，是石油的“儿子”；而这些儿子，又可以合成炸药等产品，那么，炸药就可以称作石油的“孙子”了。

能源是推动历史前进的巨人

人类历史像一个大车轮，能源就像是推动车轮前进的大力士。能源是科学技术的重要组成部分，能源家族在科学技术中的作用越来越重要。邓小平同志指出：“科学技术是第一生产力”，表明科学技术是社会前进的最首要的动力，即第一推动力，而能源又是这第一推动力中一个重要的力量。

远古人类由于使用了草木燃料，利用了火，使人类解脱了茹毛饮血的状态，有了熟食。火，开创了人类的文明史。有了火，人类又进一步用它照明、取暖，再进一步用它来冶炼矿石、制取青铜器和铁器，使人类从石器时代过渡到青铜时代、铁器时代，开始了现代文明。

煤的运用，则为人类历史开创一个新纪元。18 世纪开始的工业革命是以蒸汽机的发明为标志的，而蒸汽机的主要能源就是煤。蒸汽机最早用来推动纺织机，后来用来推动火车和轮船，直到现在，许多火车仍在使用蒸汽机头，“火车”这个名字也随着煤“火”的燃烧而永远留在历史史册中。早期的轮船是用煤开动的蒸汽机带动轮子，泼水而行的，尽管现在的轮船已经改烧石油了，而且不用轮子泼水，而是用螺旋桨泼水了，但这个“轮”字也仍沿用了下来，成为另一个历史的见证。

19世纪内燃机的应用，则引发了历史上另一次工业革命，而这次革命的动力则来源于另一种能源——石油。内燃机有别于外燃机——蒸汽机，它不烧煤而烧石油，效率大大提高。现代内燃机已经成了各种交通工具和机器的主要动力机械，成为现代工业的主力了。

现代能源舞台上另一位主角就是作为二次能源的电能。电能的利用是伴随着煤和水力的开发而开始和发展的。早期的电力来源于火力发电，即由煤燃烧水产生水蒸汽，推动蒸汽机，再由蒸汽机推动发电机发电。后来，人们又利用水力来推动水轮机，再由水轮机推动发电机发电，这种发电方式是水力发电。电力的广泛运用，使人类社会更进了一步，人类从此踏入了科学技术的新时代——电气时代。

也许你已经听说过了，人类又将面临一个新时代——原子时代。确实，从利用能源的角度来看，利用原子能作为动力的时代已经不是未来，而是已经到来了。虽然原子能的发现距今只有60年的历史，但是世界上第一座原子核反应堆已经在1942年实际建成了。原子能先是被用来制造原子弹，后来用来推动核潜艇，接着原子核电站也纷纷建成了。原子能的广泛应用，的确为人类历史打开新的一页。有人预言，21世纪将是原子时代，这是很有科学依据的，因为原子核能是一种最干净、最有力量、最有潜力的能源，在未来世纪中，它一定会发挥巨大的威力。

有人说，能源、材料和信息，是现代社会的三大支柱；还有人说，能源、激光、航天工程和海洋工程是新技术革命的四种前沿性的科学技术；又有人把能源、材料、信息、航天、海洋和生物工程等列为对现代社会作用最大的科学技术。不管怎么说，历史证明，能源对历史的推动作用是十分明显的。即使是每一个平常人在日常生活中，也会感受它带来的益处。照明、取暖、做饭，乃至于电话、电视等等，每时每刻都离不开能源。下面就让我们来仔细了解各种能源的身世吧！

最原始的动力

劳动是猿变成人的重要因素。原始人类的劳动方式之一就是使用自然力为自己服务。原始的自然力之一是火，也就是燃烧草木获得能源。

16 世纪末，有一个叫巴特尔的葡萄牙人，被流放到安哥拉原始森林中。他在那里发现了一种类人猿。这些类人猿看到人类在原始森林里点起了篝火，十分奇怪。等人们走后，类人猿也围着篝火坐下。可是，它们却不懂得添加木柴，以至一直坐到篝火熄灭也一动不动。由此可见，类人猿不懂得生火，更不懂得保存火种；而人类懂得生火和保存火种，这就是人类的标志之一。

除了使用火之外，原始人利用的另一种原始动力则是自己的体力了。打猎、使用工具都得靠自己肌肉的力量。后来，他们发现牛、马等动物可以代替一部分人力来劳动，于是开始利用畜力。在我国，利用畜力的历史可以追溯到公元前 2600 年，也就是说 4600 多年前，我国古代人类就懂得用动物体能来代替人的体能了。那时就有了用畜力来拉车子，后来又有了畜力拉农业机械等。

当然，现代人类仍在利用草木燃料、仍要使用人力和畜力，但是，这种能源在现代社会生活中占的比例已经越来越小了，而且使用的性质也在变化。已经从单纯的劳动型向娱乐型转化了。如射箭从狩猎变成体育比赛、马拉车变成马术表演等等。

火——草木燃料的利用

人类认识火是从大自然的天火开始的。天空的雷电和火山的爆发将森林里的枯木、枯草点着，燃起了火。开始，原始人类也许会对火产生恐惧，因为火会烧毁草木，也会烧坏人和动物。但是，他们同时会感到火对自己也有好处。比如，火可以温暖他们的身子，使他们能度过严寒的冬天；火光可以照亮大地，使他们度过黑暗的夜晚。

当然，火对原始人类来说，最大的好处之一是学会熟食了。原始人类最早是生吃食物充饥的。后来，他们闻到被火烤熟的野兽肉十分香，尝试吃了一下，特别可口，于是他们逐渐改生吃为熟吃了。

原始人用木头取火

但是，要熟吃就必须不断得到火，而大自然雷电、火山爆发等原因得到的火是有限的，而且不易保存，于是他们希望能随时得到和保存火种。

开始，他们并不懂得怎样用人工去取火，于是他们寄希望于神灵。在世界许多国家，都流传着有关火神的故事。在古希腊神话中，有一个叫普罗米修斯的盗火神，他创造了人，但他得罪了万神之王宙斯，因而宙斯拒绝给人类火种，使人类得不到文明。普罗米修斯为了帮助人类，决定将茴香木插到太阳车的火焰中，为人类盗来了火种。从此人类开始了文明的生活。

我国上古神话中，也有一个类似的故事。我国上古时代有一个叫“燧人氏”的人，他用一根坚硬而尖锐的木头，在另一块木头上使劲地钻，结果竟钻出了火星来。这就是“钻木取火”的故事。后来，他又将一种燧石敲敲打打，也打出了火花来。

从这些神话故事中，我们看到了原始人对火的渴望，同时也看到了古代人们想像的取火方式，即用茴香木等草木燃料来燃烧取火，用摩擦木头或石块的方法得到火。

据科学家考察，大约在10万年前，我们的祖先就学会了用干枯草木燃料燃烧起火。在我国北京周口店古猿人遗址中，就发现了50万年前“北京猿人”篝火的灰烬，这表明我们的祖先在50万年前就学会了使用草木燃料作能源。尽管那时候的火并不是人工得到的，而是自然界产生的，这火也许是雷电引起的、也许是火山爆发产生的。

火的利用不仅使原始社会的生产力得以提高，而且促进了社会的发展。材料学家在分析人类物质文明发展史时，曾经将人类历史用材料来划分，如分成石器时代、青铜时代、铁器时代等，而火正是这段历史的原动力。

在七八千年以前的石器时代，人类已经从磨制石器发展到用火烧制陶器。从此人类告别了长达二三百万年的旧石器时代，进入了新石器时代。在我国河南省渑池县仰韶村遗址中，就发现了人工烧制的彩陶，这大约是距今五六千年的产物。发明陶瓷，是我国人民对世界文明的伟大贡献之一，而这种发明得力于用了草木燃料这种原始的动力。

到了公元前3000年，人类发明了冶金术，首先冶炼出叫青铜的金属，这段历史被历史学家称为青铜时代。而冶炼青铜也得力于草木燃料，青铜是用红铜和锡在火的高温下冶炼而得到的一种合金。从使用石器到使用金属，这又是人类历史的一个飞跃。我国是人类历史上使用青铜器最早、最发达的国家之一。从河南省安阳小屯发掘出来的殷商时代的青铜器中，可以看到我国当时的青铜器炼制技术十分先进，令世人注目。青铜器比石器锋利、坚固，制造的工具使用起来更有效，因此使社会生产力又得到大大的发展。

到公元1400多年前，人类又开始炼铁，并逐渐用铁器代替铜器，从此历史进入了铁器时代。从我国出土的铁器来看，我国至少在春秋时期就炼出了生铁。我国江苏省六合县程桥曾出土一件春秋晚期炼出的生铁，这是世界上最早的生铁实物。而早期炼制生铁的动力，仍是使用草木燃料。即使到了现代，在某些偏远的农村，仍在使用草木燃料生火打铁，甚至熔炼金子。

人工取得和使用火，是人类第一次支配了自然力，摆脱了靠天取火的消极手段，这是一件了不起的事，所以恩格斯说这是人与动物的分水岭之一。

草木燃料的实质是将植物内的化学能转化为热能、光能，但是原始人类并没有将这种能量化为真正的动力，即变成机械能，所以原始的火还不能真正解放人类的体力。原始社会的许多动力还得依赖于人力和畜力。

从"神火飞鸦"说起

我国明朝有一部兵书《武备志》，上面记载着许多古代武器，其中有两种名字特别有意思。一种叫"神火飞鸦"，另一种叫"火龙出水"。

就冲这两个名字，也知道它们与"火"有关。这两种武器都是用火药箭来推动的，所以又叫"火器"。它们是用竹木或纸制成的。一种制成乌鸦的样子，一种制成龙的样子。它们的肚子里都藏有火药。

同时，还插有许多火药箭。火药箭靠火药燃烧后喷出的燃气推动前进。当点燃火药箭之后，“乌鸦”和“龙”就会在燃气的推动下，飞到敌人的阵地，发生爆炸。由于这种“乌鸦”和“龙”都是靠火药推动的，所以得到了“神火飞鸦”和“火龙出水”这样神奇的名字。

明代火器火龙出水

从这种武器的工作原理可以看出，它们的动力来源于火药。大家知道，火药是我们祖国闻名世界的古代四大发明之一。火药的主要成分是硝酸钾、硫磺和木炭。其中硝酸钾是白色的，硫磺是黄色的，而木炭是黑色的，它们混合在一起，就成了黑灰色的，所以这种火药又叫黑色火药。

黑色火药中的木炭就是草木燃料的变形，它也是一种极古老的能源。在我国古书《物原》中，有“祝融作炭”的记载。祝融是我国上古时代一位火神，可见木炭在上古时代就已经有了。大约在公元2400年前，我国古代劳动人民就学会了用木柴干馏来制作木炭。

木炭曾经被人们直接用来作燃料。如南方地区用它在冬天烤火，北方地区用它烤肉。到了商朝，则用木炭来冶金。在实践中，人们认识到它是比木柴更好的燃料，它发热高，而且不产生烟。到了唐代，由于医药学和炼丹术的发展，有人将木炭磨成粉末，和硝石（即硝酸钾）、硫磺混合在一起制成药，用来治病。所以，就有了“火药”这个名称。

由于火药点燃后，会发生异常激烈的燃烧，于是火药很快就用到了军事上。我国古代军事家它制火箭、火炮和火枪等武器。后来，又用火药箭来推动远程武器，造出了“神火飞鸦”和“火龙出水”等新型武器。从而使火药由军用又发展到运载物体上。这样，就为现代宇航工具——运载火箭的研制和应用打下了基础。

运载火箭之所以能将人造卫星等航天飞行器推离地球大气层之外，这全归功于火箭发动机。火箭发动机利用推进剂燃烧后产生燃气的反作用力前进的。而推进剂是燃料和氧化剂的总称。由于火药中包含了木炭这样的燃料，又包含了硝酸钾和硫磺这样的氧化剂，所以它不必要从空气中取得氧气来燃烧。也正是这个原因，火箭发动机可以在没有空气的地球外层空间工作，从而担当起宇航工具的重任。

火箭发动机可以用最有效的方式，把燃料的热能变成机械能。现代火箭发动机有两大类，一类是使用固体燃料，黑色火药就是其中一种；一类是使用液体燃料，有煤油、酒精和液氢等。

火箭发动机的特点是推力大，它的功率远大于其他发动机的功率。如一枚功率为 1 亿马力的火箭，竟相当于两万架喷气式飞机的总功率。它每秒钟大约要消耗 15 吨左右的推进剂。

我国的火药早在唐代就通过波斯、印度和阿拉伯地区，传到欧洲及世界各地，从而促进了世界有关技术的发展。所以，革命导师恩格斯说：“火药和火器的采用，决不是一种暴力行为，而是一种工业的，也就是经济的进步。”今天，当我们看到运载火箭把宇宙飞行器送到太空时，决不可忘却古老的火药的功绩，而火药的功绩又不可忘却木炭的作用。

木炭除了制造炸药外，还有一种特别的用途。人们用水蒸气处理赤热的木炭，会得到一种特殊的木炭。它表面生成许多小孔，于是有了新的名称“活性炭”。

活性炭有一个奇妙的本领，可以吸住许多微小的东西，所以在化学上叫它“吸附剂”。比如在红糖水中放一些活性炭，一搅拌，颜色就会消失。这样，红糖就变成了白糖。

活性炭不光可以吸去色素，而且可以吸去毒气。人们用活性炭制成防毒面具，戴上后就不会把毒气吸进人体了。

人力和畜力——体力能的利用

体力能是人类最早使用的一种能量，是原始人生活的保障。

原始人为了生存，首先需要吃。吃植物的果实，要用手去摘取；吃动物的肉，要用手通过工具去猎取。这类工具也许是树枝，也许是弓箭，也许是飞旋标。不管何种工具，都要靠人力去工作。人力，就是最原始的体力能。

如果说在原始社会里，体力能是人类为自身生存服务的话，那么，到奴隶社会里，奴隶的体力能主要是为奴隶主服务。奴隶主把奴隶当作“会说话的工具”，一切劳动都靠奴隶来承担，奴隶则利用自己的肌肉动力，为社会生产提供主要能量来源。

在农业劳动中，耕田、锄地、施肥、运水、收割、加工粮食，样样都得靠农民和奴隶的肌肉去进行。在原始工业和交通运输中，同样要靠人力。人力纺车、人力划船和拉纤等等，都要付出工人和奴隶的体力。

人类在劳动中慢慢发现，某些动物，尤其是牲畜的力量，可以代替一部分人力。于是，人的一部分体力得以解放，而以畜力取代。

据考证，我国在公元前 2600 年，就有了畜力车——牛车和马车。3000 多年前，我国就开始用畜力耕田。而在国外，文明古国埃及及古文明发源地之一的两河（幼发拉底河和底格里斯河）流域，在公元前三世纪初、中期，才有了畜力牵引的木犁。

除了将畜力用于农业劳动外，其他工作也开始使用了动物体力能。

我国 2000 多年前就开始用畜力冶炼。当时主要是用畜力来鼓风，以

古代手工纺车

增加燃料燃烧的温度。后来，在纺纱、制盐业的汲卤、制糖业的榨蔗取浆等方面，也都用上了畜力。特别是在拉车、驮载上，畜力用得更广泛了。直到现在，畜力还在这方面发挥着相当的作用。

人力和畜力，归根结底用的都是生物的肌肉力量，这种力量来源于人和动物的生理活动产生的“机械能”，这种能从本质上来说是一种化学能。人和动物吃进了食物，通过化学作用，积蓄了力量。这种能源的优点是取之方便，用起来十分得心应手。但是，它有明显的缺点，首先，这种能源的功率有限，不可能承受巨大的力所不及的工作；其次，它不能持续不断地使用，人和牲畜都要休息，这样就不能连续不断、永不停息地工作；还有，它不能远距离起作用，人和牲畜只能做身边不远的工作，即使使用工具也不能使几里以外的机械工作。因此，人类为了发展生产力，就不得不寻求新的能源。

在寻找新能源的过程中，人类找到了两种现成的自然力，这就是风力和水力。

最早利用的动力

水力和风力，是人类最早认识并加以利用的动力之一。但是，人类对这两种动力带来的灾难，恐怕比它们带来的益处的认识要深切得多。

狂风呼呼，特别是台风和龙卷风，卷掉了多少茅屋房舍，刮倒了多少树木庄稼；滔滔洪水，淹毁了多少土地，冲垮了多少家园。拿风来说，速度每秒 9～10 米的五级风，吹到地球表面，可使每平方米面积受力 10 千克；九级风的速度每秒可达 20 米，则可使每平方米面积受力达 50 千克；而可怕的台风更不得了：它的速度达到每秒 50～60 米，每平方米面积受力高达 200 千克。

1903 年，一股台风把英国和法国 800 幢房屋、100 座教堂和 25 万棵大树摧毁。有人计算过，要拔起 25 万棵大树，风每秒钟得发出 1000 匹马力的功率。这是多么大的能量啊，要是能把这种破坏性的能量利用起来，为人类造福该多好啊！

洪水的灾难更令人生畏。在我国上古神话和西方《圣经》中，都描绘了古代水灾的情景。在我国古书《尚书・尧典》中，记载着发生在先帝时的大洪水，当洪水达半树高时，人类为躲避这种灾难，“下者为巢，上者营窟”。据考证，有一场洪水水位有近几千米高，它几乎淹没了相当于今天我国的所有沿海省份，这样的洪水，即使在树上“筑巢营窟”也难逃灭顶之灾。

有的洪水持续时间很长，古时也有这方面的记载。西方的《圣经》虽然讲的是神话，但也反映了远古时代的洪水现象。比如其中记载的一次大洪水，就持续高涨了 40 天。书中说："天下高山都淹没了，水势比山高十五肘，山岭都淹没了。" 40 天后，洪水才慢慢退去，直到 150 天后才完全退尽。神话中描写说，上帝为了使人类免于全军覆没，发善心叫一个名为诺亚的人，乘方舟才得以生存。这场灾难，据说是上帝为惩罚人类而造成的，这当然是造神者的说法了。

其实，真正主宰洪水的，不是上帝，而是大自然。具体地说，是太阳。太阳使地上水蒸发，冷却后变成雨，落到地面就成了水，所以水能实际上是太阳能造成的。当然，人类科学地认识了洪水后，才有可能自己来当上帝，将洪水的灾难变成为人类造福的动力。

也许风灾和水灾给古时人类造成的灾难太多太多，于是，我国古时候常将"风"和"水"这两个词联在一起，变成了"风水"一词。

古时候"风水"常常作为一种算命测吉凶的名词。社会上还出现了算命的"风水先生"。今天，我们要剖除"风水先生"算命中的迷信成分，还"风水"的本来面目。

从能源角度来看，它们是大自然赐予人类两种廉价的动力，是太阳能衍生的一对能源兄弟。这对能源兄弟既古老又年轻。因为早在几千年前，人类就使用了它们，它们曾为人类的文明史写下光辉的一页。但是，它们在过去漫长的岁月里，并没有充分发挥自己的作用，只是到了近代，人类才将它们另眼相看，加以重新认识和更有效开发，所以说它们在今天将返老还童，重新焕发出青春。

"蓝色的煤"——风力

人类利用风力历史久远，是继利用人力和畜力之后最早开始利用的动力之一。

人类早期利用风力的标志是风车和风帆。在我国辽阳三道壕出土的东汉晚期的汉墓壁画上，就画有风车。由此可见，风车在我国至少有1700多年的历史。在欧洲，风车最早出现大约在公元8世纪。风帆是人们常见的一种推动帆船前进的帆布。在我国，2000多年以前的西汉时期就出现了用风力驱动的帆船。三国时孙权派兵东渡台湾和派员远渡东南亚使用的都是帆船。我国在风帆的利用上十分科学，宋朝的文献中就提到："风有八面，唯当头不可行。"意思是说，利用风帆行船，如遇八面来风，只有顶头风不可行船，其他七面来风都可以利用风帆旋转一定的角度行船。风帆的利用，也从早期的单桅单帆，发展到多桅多帆，有时竟多到12帆。帆船不仅能在江河上航行，还可以远航大海。500年前，哥伦布就是利用帆船横渡大西洋，发现了美洲大陆的。我国明朝航海家郑和七下南洋，也是使用了帆船。

欧洲中世纪的风车

风车是利用风叶来推动叶轮旋转的。在我国，风车开始只是一种供儿童娱乐的玩具，大约在元明之后开始进入实用阶段。将大风车架在河边，用以抽水灌溉。后来，发展到用它碾米、磨面、加工饲料。我国的风车大约是在1000多年前传到西方，有些国家将风车发扬光大。其中北欧的荷兰几乎把风车当成了国家的象征。这个国家自15世纪开始出现风车后，到18世纪中叶，全国竟建起了9000多架风车，主要用来抽水和磨面。

风车和风帆这两种古老的风动工具，为人类文明的发展曾做出了巨大的贡献，但是，随着煤和石油的使用，蒸汽机和内燃机的出现，风车和风帆就显得笨拙而落后了，于是慢慢地从能源舞台上退出来。

我国古代带风帆的五桅沙船

至今，人们也许还会看到一些风车和帆船在运行，那也只是一种辅助性的工具，或者是供人们游览的展品了。

不过，人们并没有忘却风这种取之不尽、用之不竭的无价能量。尤其是20世纪70年代，世界出现能源危机之时，动力学家又将眼光转向了风能。这是为什么呢？原来风能有许多优点。

风能的第一个优点是能量大，可以反复使用。据估计，全世界的风力资源，如果全用来发展电的话，功率可达10亿千瓦。全世界每年烧煤发出的能量，只有风一年提供能量的三千分之一。其中光是接近陆地表面200米高度内的风能，就大大超过目前每年全世界从地下开采的各种矿物燃料产生能量的总和。难怪人们都说风力是“蓝色的煤”。当然风并不是蓝色的，只是它在蓝天上吹，人们给予它这个形象的称呼罢了。

风能的另一个优点是十分干净，不会产生环境污染。烧柴、烧煤、烧石油都会产生废气，这些废气散发到大气中，造成巨大的污染。而使用风能不用燃烧，也不会排出废气。风从动力机械中进去是干净的，工作后吹出来也是干净的，简直“出污泥而不染”。

古代主要用风力来提供机械能，推动某些机械运动。而现代，动力学家则热衷于用风力来发电。也就是说，用风力推动风力发动机，再由风力发动机带动发电机而发电。风力发动机的工作原理和古老的风车差不多，主要部件就是类似风车的风轮。它装在一个类似飞机机头的机体上，看上去就像一架螺旋桨飞机的头部。由于风力在高空比低空大，所以机体常常安装在高高的塔架上。

最早利用风力发电的国家是丹麦，荷兰后来居上。此外，美国、澳大利亚、瑞士、德国、加拿大、日本、瑞典、摩洛哥等国，也在大力发展风力发电。丹麦准备在全国安装2000架风车，预计到2000年为全国提供所需要的电力四分之一到三分之一。荷兰号称“风车之国”，过去这个国家的风车主要用来抽水和磨面，现在也转向用来发电了。据预测，到本世纪末，荷兰的风力发电能力将占全国耗电量的五分之一。美国到1984年1月为止，风力发电的总能量已足够15万户家庭照明。到1985年增至45万户。预计到2000年，美国的风力发电量将超过目前美国的核发电量，相当于目前美国的水力发电量，占美国总发电量的10%。摩洛哥石油很贫乏，所以很重视风力的开发。这个国家有很多多风的山口，于是在山口上建起了风力发电厂。为了提高风力发电的效率，摩洛哥特别引进了法国航天和航空尖端技术，安装了参照飞机和直升机空气动力学原理而设计的风力涡轮。每个涡轮可以提供600千瓦的电力。有一个发电厂装有84个风力涡轮，成为世界上最大的风力发电厂之一。

法国在风力涡轮的研究方面处于世界领先地位。它研制的涡轮由3个105英尺长的叶片组成，每个叶片的重量只有3千克。这是因为使用了最先进的复合材料碳纤维。德国埃姆登风力发电厂引进了这种涡轮后，发电量达到1500千瓦，是以前的风力发电机发电量的2～3倍。

我国领土辽阔，地势起伏，是一个风力资源极其丰富的国家。据统计，我国全年风速大于每秒3米的地区，占我国土地总面积的五分之一，这是一个多么宝贵的动力资源啊！我国风力大的地区主要分布在内蒙古、西南、西北、东北和沿海岛屿。目前我国已经在西藏等地，安装了试验性风力发电机，已经取得了有效的成果。

我国于1976年开始研制风力发电机组。目前10千瓦以下的小型风力发电技术已经过关。大中型风力发电的研究和试验也在进行中。

为了解决我国广大农村和边远地区的用电，我国特别注意在这些有风力资源的地区发展小型风力发电站，并向大中型发展。比如在内蒙自治区和沿海风力资源充裕的地区，已先后建成了多座风力发电站。到 1979 年底，内蒙古草原已安装了 200 多台 100 瓦至 250 瓦的小型风力发电机组，可以为蒙古包照明，也可用来放映电影和为放牧用的电围栏提供电力。

我国还在浙江的泗礁岛上，建起了一座装机容量为 18 千瓦的较大型的风力发电站。嵊泗列岛上的泗礁岛，风力资源十分丰富，年平均风速为每秒 7.1 米，每年三级以上的风在 300 天以上。这座风力发电站的发电机组，一般在三级风力时就可发电，到五级风时可满负荷运行。到 1979 年，这台风力发电机组已经正常运行了 2000 多小时。它发出的电可以供海岛照明，还可以用来海水淡化和抽水，对当地的渔业起到了促进作用。

广东省的南澳岛风力资源也十分丰富，每年平均风速达每秒 8.5 米以上，一年中的有效风速多达 7000 小时。为此，我国在南澳县建起了当前亚洲最大的风力发电站。它装有 12 台容量为 1680 千瓦的风力发电机。到 1993 年底，它已经发电 880 万千瓦小时。预计在 20 年内，还要在这里建成总装机容量达 20 万千瓦的大型风力发电站，使这里成为亚洲开发风能的重点区域之一。

风力发电目前主要用来照明、无线电通讯等。如用于海上灯塔照明和卫星地面站用电等。据估计，如果世界各国能充分合理地开发风能，则每年可发出 65 亿千瓦小时电来。

但是，风力作为能源也存在许多问题，致使发电效率不佳。首先，由于空气的密度小，只有水的 1%，因此，利用空气流动而产生的风力远远不如水力大。为了获得更大的功率，就必须加大风轮的直径。风力与水力相比，如要获得相同的功率，则风轮直径要比水轮大几百倍。而要制造更大的风轮在技术上达不到，何况轮大风吹起来也困难。

其次，风力变幻不定，有时方向变化无序，有时大小变化无常，这样就难以保证输出稳定的电力。为了解决这个问题，就必须采用复杂的装置，来随机应变。即使这样，也不能彻底解决问题，因为有时根本没有风，这样就只好停工待“料”了。为了解决这个问题，可以采取一种将风能储蓄起来的办法。就是在有风时，将风力的能量通过各种方式保存起来，等到没有风时，再取出来使用。储存风能的方式有很多，如采用压气储能、蓄电池储能和氢气储能等方法。另外，有人还想了一个彻底解决问题的办法，就是将风力发电机架设到地球的大气对流层中去。那里距地球表面 10～18 千米，空气时刻不断地上下对流，也就是说，那里上下吹的风永不停息。这样，风力发电机就可以在这里常年不断地发电了。当然要架设这样的风力发电机得使用飞行器，然后用输电线导向地面。

“流动的煤”——水力

利用水力，在我国古代有着许多光辉的例证。原始人就懂得利用水的浮力行船。三国时的曹冲，就曾利用水的浮力来称大象。

利用水作原动力来推动机械，最晚在西汉末年就开始了，至今大约有 2000 多年的历史了。利用水力的原理，和利用风力相似，是采用类似风轮的水轮。

我国三国时代，就有了一种用水推动的鼓风装置。这种装置叫水排。它上面装有许多卧轮，当水冲击轮子时，就带动轮子旋转，再推动鼓风机的皮囊，为炼铁炉鼓风。水力鼓风代替畜力鼓风，提高了风压，大大提高了冶炼速度，也大大增加了生产能力，又解放了畜力。这种水力鼓风炼铁技术比西方大约要早 11 个世纪。

利用水力加工粮食也起源于汉代。在汉代《桓子新论》一书中就提到一种舂米的水碓。水碓上有一个大的立式水轮，轮上有叶片。当水推动水轮转动时，会拨动拨板，拨板再带动碓杆，使碓头一起一落地运动，进行舂米。

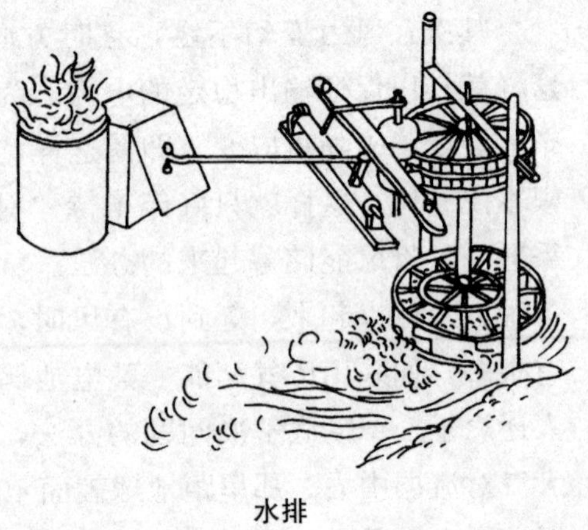
水排

汉代还有一种水磨，也是一种加工粮食的机械。它也是利用水力推动卧式水轮，水轮带动磨旋转。为了提高产量，后来又出现了一种水转连机磨。这种磨装有很大的立式水轮，它可同时带动几组齿轮，再由齿轮带动多个磨。有的水轮能同时带动 9 个磨工作，真正显示了水的威力。

到了元代，我国又出现了水转大纺车。水转纺车的原理也和水碓差不多，不过水碓是用水轮推动碓杆，而水转纺车是利用水轮推动纺织轮机。此外，还有用水力推动的机械锻锤和矿井吸水泵等。可以说，在 18 世纪以前的 1000 多年中，在我国和欧洲，水轮一直是许多工业机械的重要动力。在中世纪，水力几乎是一种生产和生活的重要能源。

水力的利用和风力的利用一样，由于煤和石油能源的出现而逐渐消退了。但是，消退的是古老的水力机械，代之而兴起的却是水力的更新用处：发电。

水力发电主要用在水位落差大的地方，利用水的强大动能，推动水轮机，再由水轮机带动发电机，这就是水力发电。

人类发电的历史最初是由火力发电开始的，由燃烧煤产生的热量，使水变成蒸汽，这就是蒸汽机的工作原理。由蒸汽机带动发电机，这就是火力发电。火力发电机开创了人类用电的新纪元，但是它却有许多缺点。一个缺点是要消耗大量的煤，而煤是不能再生的能源，用一点就少一点。而水力就可以再生，它源源不断，永远不会少。火力发电机还有一个缺点，就是产生废气污染环境，水力和风力不一样，是十分干净的能源，不会造成环境污染。正是由于这个原因，水力发电开始向火力发电挑战，进而在发电领域内占取越来越大的地位。

全世界的水力资源极其丰富。单是每年流到海洋里去的水，包含的能量就达73万亿千瓦小时。其中可以开发的水力能量约占26%，它相当于22亿千瓦的电力。我国的水力资源十分丰富，功率约有6.8亿千瓦，其中可开发量达3.7亿千瓦，居世界的首位。由此可见，水力发电大有可为。

世界上第一座水力发电站是在1882年开始运行的，它位于美国威斯康辛州阿普利敦市。以后，各国的水力发电站也先后投入运行，到1980年，全世界一年水力发电量已占到各种能源的总发电量的23%。水电站的综合发电能力达到3.63亿千瓦。虽然水力发电的比例还不算最高，但是它只占可开发的水力资源的很小一部分，所以从发展的观点来看，前景还是很可观的。

我国的水力发电事业也得到很大的发展。我国已经在长江、黄河、珠江等大江大河上，陆续兴建了大批大中型水力发电站。其中有新安江、富春江、丹江口、葛洲坝、三门峡、青铜峡、刘家峡、龙羊峡、新丰江、丰满水电站等，这些水电站的装机容量都大于5万千瓦。1960年4月建成的新安江水电站是当时新建的最大水电站，装机容量达65万千瓦。1975年4月，又建成了当时最大的水电站——刘家峡水电站，它的年发电量可达57亿度，已接近解放前全国电站发电量最高一年的总发电量。位于黄河上游的另一座水电站——龙羊峡水电站，它的总装机容量为150万千瓦。1981年7月，长江葛洲坝水利枢纽工程第一台水力发电机组并网发电，发电量为17.5万千瓦。1988年，葛洲坝工程全部竣工，建成了国内最大的水力发电站，它的总装机容量为271.5万千瓦，相当于刘家峡、丹江口、龚嘴和新安江4个发电站的发电量总和。年平均发电量为157亿度，是解放前全国总发电量的3倍。它发出1度电可为国家创造经济效益13元，每年可创造产值10多亿元。与火力发电相比，可省煤1000万吨，相当平顶山煤矿 1979 年的产煤总产量。

葛洲坝水力发电站

目前，我国正在兴建的大型水电站有黄河上的小浪底水电站和长江上的三峡水电站。目前这两座水电站的前期工程——截流工程都已成功。震惊世界的长江三峡大坝工程，将安装 24 座水力发电机组，总装机容量为 1768 万千瓦，预计年总发电量为 840 亿度，相当于葛洲坝水电站的 3 倍。即相当于 1991 年全国总发电量的$\frac{1}{8}$，又相当于 5000 万吨煤产生的能量。长江三峡水电站估计在 20 年内建成，到那时，它将成为世界上最大的水电站，比目前世界上最大的巴西伊泰普水电站，每年还要多发电 5000 万千瓦小时。它将为21世纪我国、特别是南部地区的经济腾飞，发挥不可估量的作用。

除了大中型水电站外，我国还注意发展农村小水电事业。我国农村许多地区，特别是南方地区，河谷狭窄，水流湍急，落差大，很适合修建小型水电站。到 1979 年，我国已在很多中小河流上，建起了 9000 多座小型水电站。据统计，全国 2000 多个县中，已有 1500 多个县建立了小水电站，这些小水电站，装机容量都在 1.2 万千瓦以下，但总装机容量却达 634 万千瓦，相当于 4 个龙羊峡水电站。

水力是一种自然力，它和风力一样有一个缺点：不稳定。天旱时，水力枯竭；天涝时，水力丰富。即使是同一个季节，也会有涨落。这样发出的电会时大时小，不稳定。为了解决个问题，科学家想出了一个办法，就是用水库来储藏水的能量。修建大坝，把多余的水存在水库里，等要用时，再放出来。水库好比一个“水银行”，存取十分方便。

水库还有一个好处，可以根据用户的需要随时调整电力。比方说，冬天取暖、夏天制冷用电量大，可以打开水坝，开足水力发电机，提供大量的电力。但是到了春秋天，用电相对就少了，就可以关闭水坝，用电把水抽到水库里存起来，少发点电，等用电高峰到达时，再放水多发电。这种新式水电站，就叫“抽水蓄能电站”。早在 100 多年前，瑞士苏黎世河上就建起了这样的电站。20世纪 50 年代以来，这种电站在许多国家都建设起来。

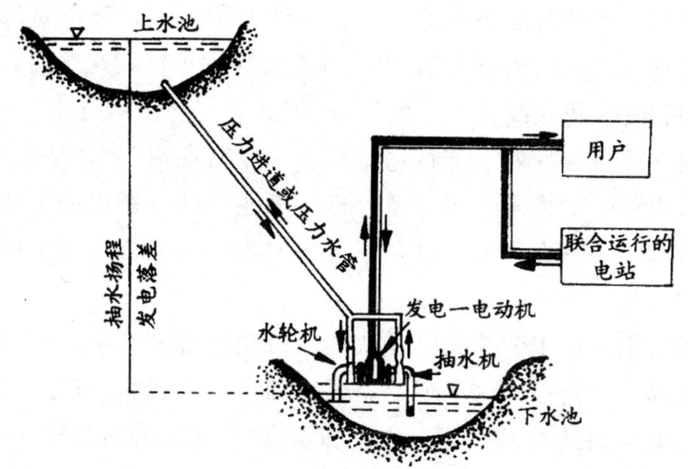

黑色的石头——煤

煤是我们最熟悉的燃料之一，它的外表像石头，颜色是黑的，所以有人称它为“黑色的石头”。自从人类发现它可以燃烧之后，就开始对它另眼相看，将它改称“黑色的金子”。

然而，革命导师列宁却将它比作“工业的食粮”，这是为什么呢？因为像人需要吃食物来提供能量一样，工业上的各种机械工作也需要它提供能源。一座火力发电站，一天要“吃”掉上百吨煤，这是多么重要的“食粮”啊！

人类的第一次工业革命，是从蒸汽机的出现开始的，而蒸汽机主要靠煤来提供“食粮”的。但是，煤这种古老的燃料，后来受到了石油这种新型燃料的挑战。现代工业开始改“吃”新的食粮了。那么，煤是不是就没有了市场，会在能源的舞台上退出来呢？不会。一方面是煤的储量还很多，虽然这种粮食还很“粗”，但是它还可以为许多工业项目“充饥”；另一方面，动力学家们还在想法对它们进行“精加工”，让它以新的面目为工业服务，成为“返老还童”的新食粮。

马可·波罗的惊奇

在我国元朝初期，有一个叫马可·波罗的意大利人来到中国旅游。他回到意大利后，写了一本震惊世界的游记，游记中有一句话，说看到中国人“用石头作燃料”，他感到十分惊奇，石头怎么能燃烧呢？

他不知道，这种能燃烧的石头就是煤。这也难怪他，在欧洲，较早利用煤作燃料的英国，也只是在13世纪才开始知道煤能燃烧，这比我国的元朝要晚许多年。其实，我国远在2300多年以前的东周末年就发现了煤。当时有一部《山海经》写道：“女床之山，其阳多赤铜，其阴多石涅”。这里说的“石涅”就是今天所说的煤。《史记》中还记有窦少君入山作炭的故事。据许多学者考证，这里讲的“作炭”就是采煤。如果这种说法正确的话，那么我国至少在公元前170年就有相当规模的煤矿了，因为书中提到有将近100余人在那里“作炭”。

汉朝时，我国就知道煤可以作燃料，这比英国要早1600年。那时，已经有用煤来蒸晒盐水、制造瓷器的记载。接着，又用煤来治病，如治疮等。魏晋时代，人们不仅用煤当柴烧，还用它来写字绘画。

相传在公元210年时，曹操的军队就用煤来作为燃料。那时，他们在今河南安阳一带修筑了一座铜雀台，台的北面藏有石炭5万千克，这“石炭”就是古代对煤的称呼。

唐朝时，山东淄博就广泛开采过煤。宋朝时，挖煤工艺已经很先进，矿井里有支柱，还有竖井通风。明朝宋应星在《天工开物》一书中，还介绍了用煤烧石灰、烧砖瓦和冶炼各种金属的具体方法。

煤之所以比草木燃料发现晚，是因为大多数煤都埋在地下。那么，煤是怎么形成的呢？让我们来看一看它的身世吧。

其实，要追根到底，煤的祖先还是古代的植物，即草木。古代的植物埋在地层底下，与空气隔绝，又受到很大的压力，这样经过许多万年的变化，才变成了煤。如果你去过煤矿，有时还会发现有的煤层里会残存着古代植物的枝干和孢子。

由于年代的不同，在煤矿中，你会发现各种煤的成熟度并不一样。比如有一种泥炭，它外貌有点像枯烂的木头。似乎还很“年轻”，没有

《天工开物》中的南方挖煤图

来得及变成硬硬的煤块。这种先天不足的煤烧起来烟很大，发热率低，比烧草木好不了多少。

煤埋在地下，由于条件不同，自然生成的煤“性格”也不同。品质最好的是无烟煤，这种煤杂质少，品质优良，烧起来没有烟，也没有多少残渣。它们不仅是上等的燃料，而且是一种十分有用的工业原料。化学家可以用它来制造各种化工产品，如染料、香料和药品等。

品质较差的煤是烟煤，它烧起来有大量的烟，还有煤渣。这种煤在城区用得很少，因为它会严重污染环境。但是，由于它的产量较大，还比较便宜，所以在火车头上和远郊区的工厂里常用它。我们常常会看到工厂和火车上的大烟囱会冒黑烟、地面留有许多煤渣，原因就在这里。

还有一种褐煤，它的质量也很差。它的颜色不是黑色的，而是褐色的，像树皮一样。它烧起来也有很多烟。这种煤也只有在万不得已的情况下才烧它。

提起煤的使用，历史十分悠久。我国是世界上最早用煤作燃料的国家。前面说过，汉朝时我国就发现和开采了煤，并用它来做饭、取暖，并正式用煤来作工业的“食粮”，如用来炼铁等。当时在河南等地，就已经大规模开采煤田了。在河南鹤壁发现的古煤矿遗址中，我们可以得知当时采煤的情况：先从地面开凿一个圆形竖井，深达46米，然后根据地下煤层的情况，挖掘巷道，把煤田分成许多小区，再先内后外一步步后撤式开采。当时的巷道高1米多，形状是上窄下宽，上面宽度为1米、下面宽度为1.4米。井下排水是用辘轳往外抽。

在明代古书《天工开物》中，详细记载了古时采煤的情况。书中说，凡是采煤有经验的人，都能从地表面的土色辨别出地下有没有煤。如有就向下挖掘，一般是挖到5丈多深时，就可以看到煤。初次挖到煤的底层时，会有毒气出现而使人中毒。为此，要用竹子打通中间的节，削尖底部，插入煤层中，把毒气引出来。然后，人才下去采拾煤。若煤层很宽，就左右挖宽，支上支板，以免土层崩落下来伤人。

煤作为能源大显神威是在蒸汽机发明之后，尤其是火力发电站诞生之后。我国煤炭工业历史悠久，但是基础十分薄弱。尽管我国有丰富的煤炭资源，但仍不能适应国民经济发展的需要。

我们煤炭资源丰富，品种齐全，分布很广。我国几乎所有省、市、自治区都储有煤。到1979年，已探明的煤炭储量就达6000多亿吨。1949年以前，我国每年生产的煤只有3200多万吨，居世界第10位。解放后，我国煤炭工业有很大发展，到1979年，年产煤量已达6.35亿吨。其中，年产煤量1000万吨的大型煤矿有11个。我国已经建起了安徽淮南和淮北、山东兖州、江苏徐州、河北开滦、山西大同、河南平顶山、贵州六盘水、内蒙霍林河、陕西桑树坪等大型煤炭基地。由于煤矿生产条件较差，过去人们常称煤矿工人为“煤黑子”，现在随着开采的现代化，一座座崭新的现代化煤矿新城正崛起在祖国的大地上。

“工业的食粮”

现代工业的开始，起自18世纪中叶的工业革命。这个革命的标志是蒸汽机的发明和煤的大规模开发使用。

早在公元前120年的古希腊，发明家希罗就制成了一种用木柴作燃料的蒸汽装置。这个装置的主体是一个可旋转的金属球。球上装有喷嘴。当球里装上水，用燃料加热水，使水蒸发时，蒸汽就会带动球旋转，据说这种蒸汽装置可以开启神庙的庙门。

这种蒸汽机由于生产力的低下和封建社会的束缚，并没有用到生产上。直到1698年和1705年，英国的萨弗里和纽康门，才造出了较为科学的蒸汽机。这种机器可以用来抽水，前者是用蒸汽冷却，使容器中形成真空来提升水的；后者则是利用蒸汽推动活塞来工作的。1769年，苏格兰工匠瓦特改进了纽康门的蒸汽抽水机，变汽缸的往复运动为飞轮的旋转运动。后来又发明了自动调速机构，终于在1784年制成了具有实用价值的蒸汽机。

如今谈到瓦特发明蒸汽机，往往会提到他小时候看到水壶的蒸汽冲开壶盖，从而启发他发明蒸汽机的故事。的确，小时候对自然现象的观察，往往能启发人的思维。但是，从上面的经历可以看出，瓦特发明实用蒸汽机不仅说明他善于观察，还在于他善于吸取前人的经验加以再创造。

在蒸汽机发明之前，英国的纺织厂都是以水力为主要动力的。由于水力存在功率小、受地点和季节限制等许多缺点，于是各纺织厂开始寻求新的动力。蒸汽机的出现，正好为它们提供了可靠而且功率大的动力。就在瓦特发明实用蒸汽机的当年，英国建成了世界第一座以蒸汽机为动力的纺织厂。以后，蒸汽机又开始被冶金业和机器制造业采用，从而引发了一次工业技术的革新。

1786 年，英国人默多克制造了一种蒸汽开动的汽车，人们称它为“不用马的马车”。1807 年，美国人富尔顿用蒸汽机作船的动力代替风帆，制成了世界第一艘汽船“克莱顿特号”。1814 年，英国人史蒂芬逊制成了世界上第一台实用的蒸汽机车，从而诞生了铁路。1886 年，法国人阿代尔还制造了一种蒸汽飞机，但在试飞时失败。蒸汽机的发明，引发了人类历史上的第一次工业革命，这场革命持续了一个多世纪。它不仅大大地提高了社会生产力，而且引起了深刻的社会变革。所以，革命导师恩格斯说：“蒸汽机是第一个真正国际性的发明，而这

最早的汽船

个事实又证实了一个巨大的历史性的进步。”

蒸汽机的能源是煤，所以说蒸汽机的使用促进了采煤工业的发展，使煤开始成为当时能源舞台的主角。1790年，英国刚采用蒸汽机时，煤炭生产量只有760万吨，以后，蒸汽机不断发展，于是英国在这以后，每年煤炭生产量都有增长，约增长1000万到8000万吨。到1913年，生产量猛增到2亿8700万吨。与此同时，世界各国的煤的使用也相应增加，煤在世界能源结构中占的比重达到94.8%，成为19世纪到20世纪初人类社会最主要的能源。

煤不仅成为蒸汽机的能源，而且在其他工业中也得以广泛使用。如在冶金工业中，煤代替木炭成为主要的燃料。1735年，人们发明了用煤的再加工产品——焦炭来代替木炭，进行铸铁，大大提高了生铁的质量。1784年，又发明了直接用煤锻铁，扩大了煤的使用范围。煤，真正成了“工业的食粮”了。

煤为什么会有如此大的能量呢？原来煤和草木一样，主要成分是碳。但是，煤含碳量比草木多。用木材烧制的木炭，并不是碳。最纯净的木炭才是碳。木材和木炭中含的杂质太多。而煤的含碳量高达60%以上。碳是一种可以燃烧的元素，它和氧化合变成二氧化碳，同时放出大量的热量，这就是能的来源。

1千克无烟煤燃烧以后，大约可以放出8000大卡的热量。1大卡相当于1000卡，而1卡热量可以将1克水的温度升高1摄氏度。所以，1千克无烟煤发出的热量，就可以将8吨水的温度升高1摄氏度。或者说，可以把80千克的冷水加热到沸腾。据计算，200千克煤可以使100吨重的火车头行100千米。0.5千克煤可以发出1千瓦小时电。500千克煤，可以炼出1吨生铁。

你也许已经明白了烧煤可以发热的道理，但是你是否注意到烧煤会产生二氧化碳而造成的坏处呢？二氧化碳是一种有害的废气，它不仅会影响人类的健康，还会破坏环境。在第一次工业革命的历程中，人类只是重视了煤的发热作用，而忽视了它污染环境的坏作用。所以，当新的能源出现时，煤就受到了挑战。

“返老还童”的煤

煤作为一种古老的能源，为人类社会的发展做出了不可估量的贡献。18 世纪中叶，它曾伴随着蒸汽机的使用，引发了人类历史上第一次工业革命；19 世纪，它又伴随着火力发电而导致新动力的革命。

然而，到了 19 世纪下半期，它受到新的能源——石油的挑战！石油的使用，则是伴随着新的动力机械——内燃机而开始的。

蒸汽机是利用煤在锅炉外燃烧工作的，所以是一种“外燃机”。它的缺点是设备笨重，效率不高。在 19 世纪末，有人企图将蒸汽机用在飞行上，然而，许多飞行先驱者制造的蒸汽飞机都纷纷失败，最后改用烧油的内燃机才得以成功。

在这个时期，用内燃机工作的轮船开始取代用煤工作的蒸汽汽船；用内燃机工作的机车也开始取代用蒸汽机推动的火车；而用内燃机工作的汽车也开始成为马路上的生力军了。面对这一系列新型机械的出现，煤的地位越来越退后了，大有从能源舞台退出的趋势。

然而，你不用担心，煤不会过时，相反，在动力学家的努力下，它还将“返老还童”，东山再起。

首先，从煤的储量来看，它远没有挖完，还够人们用相当长的时间。煤是唯一在地壳中存在的储量巨大的固体燃料。它比液体燃料石油的储量要大许多。世界上已有 80 多个国家发现了煤。目前已知的世界煤储量达 10 万多亿吨，按目前的生产水平来计算，还可开采几百年。我国煤炭储量丰富，居世界第三位，储量达 2 万多亿吨。目前我国煤仍占全国能源消费的 70%。所以，在我国乃至世界，今后几十年内，煤仍是主要的能源。

当然，直接烧煤会造成严重的环境污染，所以今后人类会采取许多措施来克服和减轻这种缺点。比如，烧煤会排出二氧化碳烟尘和二氧化硫有害气体。据计算，燃烧1吨煤，会排出10千克烟尘、几十千克二氧化硫。目前人们已经找到了一些消烟除尘、排烟脱硫的办法，并采用新的燃烧技术，使污染降到最小。

煤还有发热量低、运输不便、难以在内燃机中使用和杂质多的缺点，为了克服这些缺点，目前正在推广将煤气化和液化的技术，使煤变成杂质少、尤其不含硫的气体煤和液体煤，即煤气和"人造石油"。

人们将煤进行再加工，即送进炉子，隔绝空气加热到1000摄氏度左右，这时煤可以分解成三种东西：第一种是气体，这就是煤气；第二种是液体，即煤焦油；第三种是固体，即焦炭。

提起煤气，还有一个有趣的故事哩。据说最早发现煤气的是个意大利人。有一次，他把煤装在烧杯里加温，发现有一股气体冒出来。他用火柴去点它，就会发出一股像幽灵似的"鬼火"，于是他把这种气体称作"给斯"，意思就是"幽灵"。

1792年，英国人墨进克正式把这种气体用到工业生产上，并用来照明。他根据意大利音，将这种气体改称"嘎斯"。后来日本人又将它译成"瓦斯"。

煤气中含有54%～63%的氢气、20%～30%的甲烷、1%～3%的乙烯。它可以引入家庭作燃料，也可作为化工原料。它每立方米可发出9000大卡的热量。我们家中用来做饭的罐装的燃气，大多就是煤气。我国早在1862年就在上海建立了煤气厂，1864年开始使用煤气。不过，那时的煤气只供少数人使用，当时叫"自来火"。现在在许多城市，煤气已是普遍使用了。

附带说一下，煤气本是无色无臭的，但家用煤气却有一股难闻的臭味，这是因为在里面加了一种十分臭的硫醇。加硫醇的目的是为了人们在它泄漏时易察觉，这样就可及时采取措施，防止发生中毒和火灾了。

液态煤——煤焦油是一种又黑又黏又臭的液体。在100多年前，人们以为它没有用而将它倒掉。到19世纪中叶，化学工业迅速发展，发现煤焦油是一种十分宝贵的化工原料，它可以提炼出近百种化工产品，如苯、甲苯、二甲苯、酚等等，可以制造染料、药品、炸药、塑料、香料、合成橡胶和合成纤维等。

但是，煤焦油还不能像石油那样作为燃料。为了使煤液化成真正的“人工石油”，科学家想出了另一种加工方法——物理加工法。这种

将煤加工成煤浆

方法是瑞典科学家于1973年开始研究的。方法是将煤粉碎，除去杂质，然后将它和水混合在一起，加入少量添加剂，制成胶体状的煤浆。经实验表明，煤浆是一种很好的液体燃料，虽然它的发热量和小块煤差不多，但它的热值已经达到石油的60%，而且比石油便宜2/3甚至更多。

瑞典已经和加拿大联合设计了一座年产250万吨煤浆的工厂，瑞

典希望在10年内用煤浆代替部分石油，使石油进口量减少1/3。难怪有人称煤浆为“人造石油”哩。现在美国、俄罗斯、德国和我国都在研究煤浆这种液体燃料。目前的煤浆，也有含灰量多的缺点，影响燃料效率。相信在克服这一缺点之后，这种“人造石油”会成为天然石油的优良代用品。

焦炭是一种多孔、而且很硬的固体，它是钢铁工业的重要原料。在炼铁、有色金属冶炼、烧石灰、制造电石和化肥等工业中，都要用上焦炭。

由此可见，煤除了作为燃料还将发挥应有的作用，并且不断发扬光大之外，它还是其他工业的重要原料。据计算，1000 万吨煤，可以提取 32 亿立方米煤气、770 万吨焦炭，还可以提取沥青、防腐油等多种产物，所以在相当长的时间内，煤不会过时，而且会焕发出青春。

煤中的“贵族”和“平民”

你会想像在那又黑又脏的煤层中，还会有美丽漂亮的宝贝吗。如果你到博物馆或工艺品商店去仔细寻找，会寻到两种宝贝——煤精和琥珀，它们也是煤的“近亲”。

煤精，可以说是煤中的“贵族”，或煤中的“精华”。它外表像煤，但光洁而坚韧，有人把它比成宝石，称它为“煤玉”。它是由藻类等低等植物和某些高等植物的残体变来的。由于特殊的地下条件使它们腐烂，最后泥化成精细的煤。

它质地非常均匀致密，色黑而亮，质轻而韧，可以雕琢成美丽的工艺品。当然它也可以作燃料，但烧掉实在太可惜了。人们总是把它藏之高阁，成为观赏性的燃料了。

我国辽宁抚顺是煤精的主要产地。其中，1973 年发现的辽宁沈阳新乐古文化遗址中，竟发现了距今6000多年前的煤精产品，有类似棋子形、圆珠形、圆泡形的小装饰品等。据考证，这些工艺品的原料来自抚顺。可见，古时人们就知道用煤精来作工艺品。

琥珀是古代树脂变来的一种化石。琥珀的生成条件和煤类似。远古的森林沉积而埋在地下，经过几千年的地质作用，树枝的木质部分变成了煤，而树木分泌出来的树脂就变成了琥珀。

由于树木分泌出来的树脂颜色不同，所以琥珀也有红色、金黄色和褐色等不同色彩。更为可贵的是，由于古时各种昆虫正好被树脂包围，于是形成化石后，这些昆虫就被完整地保存了下来，成为供今天人们观赏的“老古董”。这些昆虫有蚊子、蜜蜂、苍蝇、蚂蚁等。比如，1983年，美国生物学家在波罗的海发现一块珍贵的昆虫琥珀，其中保存着一只4千万年前的昆虫。

世界有许多著名的琥珀产地。如黎巴嫩有一种琥珀是1.2亿年前的南洋杉分泌物形成的。多米尼加和海地出产的琥珀，则是由2.5亿年前的豆科植物分泌物形成的。波罗的海竟发现一块重达5. 34千克的大琥珀，它的“年龄”也有3千万～4千万年。我国辽宁抚顺、河南西峡、云南苍山等地也盛产琥珀。尤其是苍山琥珀质地最好。

琥珀自古以来就被人们用来作为装饰品和工艺品。我国古代就将它挂在小孩胸前作为吉祥物。古代宫廷中的许多工艺品中都镶有琥珀。

除了作为观赏品外，琥珀还有别的用途吗？有。琥珀可以制漆、制药和作为电气仪表的绝缘体。

琥珀还是一种具有很高科研价值的标本。从对琥珀及其里面的昆虫的研究，可以得知古代动、植物的演变情况，分析出古代气候和地质的演化情况。甚至可以从中直接“复原”古代动植物。美国科幻电影《侏罗纪公园》描述了古代恐龙复活的情况，科学家是怎样幻想恐龙复活呢？就是从琥珀着手。琥珀中包裹着恐龙时代的蚊子，而这种蚊子吸过恐龙的血，于是从琥珀里的蚊子体内，可以找到古代恐龙的血。从恐龙血中就可以得到恐龙的遗传物质，有了遗传物质，就可以通过现代遗传工程复制出古代的恐龙来。

煤中有“贵族”，也有“平民”。煤矸石就是这样一位“平民”。它来自煤层的夹石层和顶底板的岩石中。由于它“先天不足”，所以发热量不及煤。大约3～5吨煤矸石的发热量，才顶得上1吨标准煤的发热量。

煤矸石由于发热量少，往往在煤矿中被视为废物。有幸时它也被人们拣来和上泥，制成煤饼作燃料。

用煤矸石作燃料虽然登不上大雅之堂，但在别的地方它却大显身手。

将煤矸石粉碎，可以制成水泥和砖块，用作建筑材料。由于煤矸石中含有氧化铝等化合物，所以可以用它来生产某些无机盐产品。比如可以用它制造明矾。明矾可以用来净化水质，炸油条也要用上它哩！

有的煤矸石含有各种成煤时期的化石，从中可以了解到煤的生成情况。如我国地质学家在淮南安徽地区，发现一种含蜓化石的煤矸石。蜓是一种古生物，约1厘米大小。它是石炭纪时代的分层化石，表明这里有石炭纪煤层。果真，在这里找到了丰富的煤矿。又如在江苏徐州煤矿，发现了带有栉羊齿、翅羊齿、带羊齿植物的煤矸石化石和带有蜓类、贝类等动物的煤矸石化石。因为栉羊齿植物生活在温湿气候条件下，蜓类动物生活在近海，所以可以推断，徐州在2亿7千年前是沿海地带。辽宁抚顺煤矿中的煤矸石中，有鹅耳枥等第三纪始新世的植物化石，说明抚顺煤矿形成于第三纪始新世时期；黑龙江鹤岗、鸡西煤矿和山西大同煤矿等发现的煤蜓石化石中，有苏铁等侏罗纪时代的植物，可见这些煤矿形成于侏罗纪时期。由此可以看到，煤蜓石真是一部记载煤矿形成历史的“地书”啊！

会燃烧的“石脂水”——石油

在当今世界上，没有哪种燃料会比石油这样引起关注了。为什么中东会成为至今矛盾的焦点？为什么那里不断发生战争？归根结底，是因为那里盛产石油。某些国家为了争夺那里的石油，竟引发了战争。

如果说，19世纪的主要能源是煤的话，那么，20世纪的主要能源就是石油了。例如，1913年石油只占世界能源比例的5．2%，而到1971年，就上升到54%；而同一时期，煤则由占95%下降到27%了。以美国来说，到本世纪70年代，能源中煤的比例已下降到17%，而石油及其伴生的天然气比例上升到78%。美国人口只占世界人口的6%，而每年消耗的石油竟占全世界消耗石油的1/3。日本到20世纪70年代，石油在能源中的比例也占73%，当时一年消费的石油就达2亿4000多万吨！日本几乎不产石油，只好全靠进口。美国虽然也产石油，但还不够用，仍要大量进口廉价的中东石油。

如果说，第一次工业革命的标志是蒸汽机的出现，煤作为蒸汽机的主要燃料而走上能源舞台之话，那么19世纪60年代发明的内燃机就是动力大变革，而作为新动力内燃机的主要能源就不是煤，而是石油了。

内燃机的发明，导致了工业和交通的大变革。轮船和火车的动力更新了，使用新式动力的汽车和飞机出现了。今天，当我们享受现代交通工具带来的方便、享受现代工业带来的益处时，我们怎能不感谢石油这种优秀的能源呢！

我国是最早发现石油的国家之一，古时曾把石油称作“石脂水”，这个名称在一定程度上刻画出了石油的性质，它是一种液体性的燃料。然而，古代中国人决不会想到这“石脂水”在今天竟大出风头哩。

酒泉城的保卫战

我国甘肃省有一个叫酒泉的城市，见到这个名字，你当然会想到这里出产美酒。但是你可曾知道，古时这里还出产石油。

公元578年，那时我国正处在南北朝时期，我国西部地区常遭到外族的侵略。处在我国西部的酒泉城，也受到突厥贵族军队的进攻。面对外族军队把攻城器械架上酒泉城，居民们愤怒了。他们想起酒泉附近的老君庙出产石油，而这种石油可以燃烧，于是纷纷将石油浇在敌军的攻城器械上，然后点上火。熊熊的火焰把攻城器械烧得七零八落，敌军救也不救了，就这样攻城失败了。酒泉城保卫住了，在这场保卫战中，立下汗马功劳的竟是石油。

石油这种可燃性的液体燃料，我国很早就发现了。公元前800年的古书《易经》上就有石油的记载。早在公元前一世纪的西汉，我国古代人民就学会了使用石油。大约在1800年前，我国古代历史学家班固在他写的《汉书》中，就提到这种燃料。书中说：“高奴有洧水可爇。”高奴就是今天陕西延安一带，那里有一条河叫洧水。“爇”是一个古字，就是今天的“燃”字。这段话说的是延安附近的洧水可以燃烧。一般的水是不会燃烧的，这里讲的洧水因为含有石油，所以可以燃烧。由此可见，当时的人民就知道使用石油了。虽然当时人民还不知道石油这个名称。

《后汉书》中记载，酒泉的“石漆”燃之极明，不可食。“石漆”，

这便是那时人民对石油的称呼。到了唐代，又把石油称作“石脂水”。宋朝汴京（今河南开封）的兵工作坊里设有“猛火油作”，即制作“猛火油”的作坊，这“猛火油”也是指石油。

为石油命名的沈括（1031—1095年）

第一次为石油“正名”的人，是我国北宋著名科学家沈括，他在《梦溪笔谈》一书中，专有一节写到石油。书中提到：“鄜延境内有石油。鄜延即现在陕西富县和延安县一带。在这里，沈括第一次提到“石油”这个名称，而且一直沿用至今。

沈括还在书中说：“旧说高奴县出脂水，即此也生于水际，沙石与泉水相杂，惘惘而出。土人以雉尾裛（浥）之，乃采入缶中，颇似淳漆，然（燃）之如麻，但烟甚浓，所沾幄幕皆黑。”这段话的意思是说，过去说高奴县可以燃烧的水是脂水，它也出自水中，但往往与沙石和泉水夹杂在一起，恍恍惚惚地才出现。当地人曾用鸡毛一类的东西沾取它，放在罐子里，黏稠如漆，但点燃起来像麻一样，有很浓的烟，把墙壁一类幄幕熏得漆黑一片。他还预言：“盖石油至多，生于地下无穷，不若松木有时而竭。”在当时，石油和煤一样，大多都埋在地下，流出来的只是少数，沈括在当时就指出石油埋在地下，而且藏量非常多，不像用松木柴这类燃料很快就会用完。20世纪石油的大开发，验证了沈括的伟大预言，这再一次表明中华民族的伟大。

我国石油开采的历史也很悠久。明代正德十六年，即公元1521年，在四川峨嵋山下的嘉州，即今乐山，就已经开凿了第一口石油竖井，深达几百米。在古时，人们除用石油来作燃料外，还给它找到许多用途。

宋朝时，人们发现石油中含有石蜡，就用石蜡制成蜡烛。今天，在节日里还要点燃蜡烛，这不能不归功于石油。

晋朝时，人们把石油涂在车轴上，用来“膏车”。原来这是用石油来作润滑剂，以减少车轴的摩擦，使车轮转得更轻松。

元朝时，人们就知道用石油来提炼沥青，由于沥青富于粘性，当时用它来补缸，以防止缸漏水。如今，沥青是铺马路的好材料。

石油燃烧有黑烟，这是一个大缺点。但是，科学家沈括却能变腐朽为神奇，将石油的浓烟收集起来，制成墨。现今，墨已成为珍贵的“文房四宝”之一，为我国的文化发展做出了巨大的贡献。更有意思的是，在当今高科技时代，科学家发现我国古老的黑烟，竟是一种“小人国”中的材料，烟中微粒的大小只有 1 米的十亿分之一大。在当代新材料中，把这种材料称为“纳米”材料。人类已经可以利用这种“纳米”技术来制造微型机器人了。谁能想到，未来世界的“纳米”机器人的祖先，竟是出自我国古老的石油黑烟呢！

石油在古时候还用来治病。明朝医药学家李时珍在他写的《本草纲目》中说，石油可以“涂疮癣虫癞，治铁箭入肉”。当时，是用石油来当外用药；而现今，利用石油可以提炼和合成多种药品，不仅可外用，而且可内服。今天，当我们在服用用石油产品合成的药品时，是否会想到石油药品开发之“祖”李时珍呢！

石油的真面目

如果你去过油田，你会看到从地下采出来的石油是一种黏稠的、颜色很深的液体，人们叫它原油。

原油的颜色虽然很深，但各地产的石油并不同一个色。大庆出的原油是黑色的，玉门出的原油是绿色的、克拉玛依出的石油是褐色的。为什么颜色不一样？原来里面含的胶质和沥青多少不一样，含量越多颜色越深。

原油带有各种特殊的气味，这是由于里面含有一些有奇味的成分。比如有一种原油有股臭鸡蛋味，这是因为里面含有硫化氢。

原油的“体重”比较轻，密度大约是水的0.75或多一点，只有极少数的比水重。所以，大多的原油都可以浮在水上。

上面说的是原油的“外表”状况，那么它的“内心本质”是由什么元素组成的呢？经过分析，它主要是由碳和氢构成。其中碳占84%～87%，氢占12%～14%。余下的1%是极微量的硫、氧、氮等元素。

碳和氢可以形成多种化合物，按它们的原子数从少到多排列，有甲烷、乙烷、丙烷、丁烷、戊烷、己烷、庚烷、辛烷、壬烷、癸烷、十一烷、十二烷等等。石油就是由这些化合物组成的。

由于组成石油的各种化合物“脾气”不一样，所以直接用它不方便。这就像各种性格的人搅在一起，发挥不出正常的作用一样。为此，科学家决定给石油“分家”。“分家”的办法就是加热，也就是蒸馏。

由于甲烷、乙烷、丙烷、丁烷在常温下呈气体状态，所以一蒸馏，它们就从蒸馏塔顶跑出来。

当加温到40～150摄氏度时，就会从蒸馏塔上部流出戊烷、己烷、庚烷、辛烷、壬烷等化合物来，它们在这个温度下呈液态。这部分液体油就是汽油。它是石油家庭中的老大。

再加温150摄氏度以上，至300摄氏度时，在蒸馏塔中部会流出癸烷、十一烷至十五烷等化合物的混合物。这部分化合物也是液态，叫煤油。它是石油家庭中的老二。

再继续加温，从200摄氏度加到350摄氏度时，则会在蒸馏塔下部流出另一种液体——柴油来。它是石油家庭中的老三。老三的成分包括十一烷至二十烷等。

再加温，从300摄氏度开始，则会在蒸馏塔底部流出沸点很高的重油来，它是石油家庭中的老四。它是由十六烷至四十五烷等化合物组成的。

由于重油的沸点很高，到400摄氏度也不蒸发，所以不能再用一般加热的方法来给石油“分家”了。科学家采用减压加热法，使重油又“分家”了，又得到了柴油，还有润滑油、石蜡、沥青等许多有用的东西。

现在我们基本上把石油的里里外外都看清了，把它们一家的大小兄弟都找出来了。下面，该根据这些兄弟的不同脾气，来给它们派用场了。

是谁在“喝”汽油

有人说，用石油代替煤作燃料，是又一次动力革命。这话有一定的道理。

蒸汽机的出现是第一次工业革命的标志，蒸汽机的燃料是煤。所以，在蒸汽机时代，煤成了当之无愧的燃料“皇后。”

1860年，法国发明家勒努瓦，制成了一种与蒸汽机完全不同的动力机。它不是靠煤在锅炉外燃烧，而是靠油在汽缸内燃烧。后来，人们就将这种新式动力机械叫作内燃机。

内燃机不烧煤，而烧石油。1876年，德国一位技师制成了第一台四冲程内燃机。1885年，德国工程师戴姆勒和本茨把内燃机用在车子上，造出了新式交通工具——汽车。这种汽车一经问世，就击败了用蒸汽机推动的蒸汽车。从此，烧油的汽车成了马路上的霸主了。

内燃机造就了一代“马路天使”——汽车的出现，接着又被科学家用到飞机上。使用内燃机的飞机叫活塞式飞机，因为这种飞机的发动机带有汽缸和活塞，再由活塞的运动带动飞机的螺旋桨旋转。

仔细分析起来，这些内燃机烧的油是石油家庭中的“老大”——汽油。它们是“喝”汽油的大户。比如说，一辆解放牌汽车，每年大

本茨的汽车

约要喝掉40吨汽油。算算看，全世界有多少汽车，一年要消耗多少汽油啊。大约从20世纪50年代开始，石油就开始取代煤，作为动力的主要能源。到了70年代，石油的用量已上升到占总能源的78%，而煤下降到17%。仅1972年，西欧几个国家消耗的石油就达7亿吨。

当然，汽油只是石油中的一种，但却是石油中消耗量最多的一种。如果你去过加油站，会发现汽油有许多种型号，它们是用数字来标号的，如“85号”“70号”“66号”“56号”等。这些号码是什么意思呢?

原来，汽油在发动机汽缸里燃烧时，会发生爆裂现象，使汽缸发颤而损坏。科学家在研究这种现象时，发现这与汽油的成分有关。

汽油成分中，异辛烷抗爆性最好，而庚烷最差。因此，科学家规定，某种汽油的抗爆性如果与异辛烷相同，则性能最好，其型号就定为“100号”。其他依次规定为“95号”“91号”“85号”……“56号”等。由此可见，号码越高，抗爆性越好，汽油的品质也就越好。所以，性能越好的车，使用的汽油号就越高。如小轿车用“85号”、大轿车用“70号”、卡车用“66号”、摩托车用“56号”等。

活塞式飞机的发动机也烧汽油，但由于飞机要求比汽车高，所以用的汽油号更高。如教练机可用“70号”，更好的飞机就得用“91号”和“95号”了。

大家也许知道，现在汽车加油站又在推广无铅汽油。原来，一般汽车用的汽油中都含有铅。汽油里为什么会有铅呢？那是为了提高汽油的抗爆性。提高抗爆能力的方法，除了提高汽油中的异辛烷值以外，还可以在汽油中加入一种“铅水”，即四乙基铅。四乙基铅是一种含铅的无色油状液体。它加到汽油中虽然可以提高汽油的抗爆性，但会带来别的危害。目前使用的汽油每公升含铅约 0.5 克。铅这东西含量虽少，但有毒。直接接触它，会产生明显中毒症状。更危险的是，它燃烧后会产生严重的空气污染。据上海市调查，1996 年的铅污染比 1986 年高出 1 倍。而这种污染的 86.6%来自机动车的燃料。上海儿童血铅浓度已经超过国际公认的警戒值。因此，各国都在推广无铅汽油。一般所说的无铅汽油并不是完全无铅，而是每公升汽油含铅量低于 0.13 克。有关部门已经决定北京等城市，在全国率先使用低铅汽油，并达到 2000 年全国范围内汽油无铅化。

当然，为了保证汽油抗爆性好，又不含铅，就必须增加汽油中的异辛烷值，或利用先进的催化技术，将汽油中的其他碳氢化合物转化成异辛烷。这样，价格就会贵些，但这样可以减少机动车的损害，可以省油，更主要的是可以减少环境污染，所以加强这方面的研究，还是值得的。

从煤油灯到喷气式飞机

煤油本是石油家庭中的“老二”，可是它却出息得最早。因为“老大”，也就是汽油在汽车上大显神威之前，它的“弟弟”煤油就被人们广为用来照明了。

人们也许记得，当电灯还未发明之前，许多大城市的照明都是用煤油灯。我们在电影中会看到这样的镜头：那带有玻璃罩的煤油灯给古老城市带来点点光明。有些家庭，也许还会找到那带有球形玻璃罩的煤油灯。

为什么那时不用汽油去点灯呢？原来汽油的脾气太暴燥了。它一点上火就猛地燃烧起来，别说点灯，连整个灯架都会烧着火了。弄不好，它还会引起爆炸，发生火灾。谁还敢用它去照明哩。

那么，用“老二”重油去点灯行不行呢？不行，它根本点不着。因为重油着火点高，要达到很高的温度才能燃烧。用它点灯太费事了。

煤油的“性格”正好适合点灯。它着火温度不高，点燃起来很方便。它燃烧起来不火爆，像古老的菜油灯一样，十分柔和。由于煤油比菜油便宜，于是煤油灯很快取代了菜油灯，一时风行了城市和许多乡村。一直到出现了电灯，它才进入了博物馆。

没有了煤油灯，煤油还有用场吗？开始有人想用它作内燃机的燃料，然而它太“温和”了，在内燃机内使不上劲，发挥不了作用，只好甘拜汽油的下风了。

走马灯

后来，人们发现早期的内燃机也有毛病。它和蒸汽机一样，是靠活塞的复往运动，再通过曲柄和连杆，才变成旋转运动，十分麻烦。于是，有人想取消活塞和汽缸，让燃气直接推动叶片旋转。这个想法就像我国古老的走马灯原理一样。走马灯中的蜡烛产生的热气，推动着叶轮旋转，带动纸人纸马旋转。

1872 年，德国工程师希托首先设计出了热空气式轮机，并获得了专利。1906 年，法国工程师阿孟高和列马里制成一台试验性的燃气轮机。到20世纪30年代，实用的燃气轮机终于诞生了。

1928年，英国科学家惠特尔提出，用燃气涡轮机的喷气去推动飞机，并且提出了涡轮喷气发动机的思想。1937年，第一台喷气发动机试制出来。然而直到1941年5月14日，喷气发动机才在英国装上飞机试验成功。而在这之前的1939年，德国著名工程师奥海姆抢先把喷气发动机装上了一架被命名为He178的飞机。这一年8月27日，德国后来居上，把世界上第一架喷气式飞机送上了天。

喷气式飞机的发明，使航空事业发展到一个新阶段。它从此取代了活塞式飞机，而一统了航空器的天下。有意思的是，活塞式飞机烧的是汽油，而喷气式飞机烧的竟是煤油。这是为什么？

原因是喷气发动机和活塞式发动机结构不一样。喷气发动机里没有活塞和汽缸，所以不存在汽缸的损坏问题，这样，就不要求燃料的抗爆性好。因此，它不要求用汽油那样含异辛烷值高的燃料。还有，喷气发动机要求燃料在燃烧室里猛烈燃烧，产生喷气推动飞机前进。这样，要求燃料的发热值高是主要的。要发热值高，就要求燃料的密度高。而燃料密度高，飞机上容积有限的燃料箱里也可以储藏更多的燃料。从150摄氏度到250摄氏度分馏出来的煤油，发热值高、密度也大。于是，用它作喷气发动机的燃料最合适。也正是这个原因，这种煤油被称为航空煤油。

煤油在喷气机时代又焕发出了青春！它不仅成了喷气式飞机的理想燃料，而且成了一种新型汽车的燃料，这种汽车就是喷气汽车。前苏联的莫洛托夫汽车工厂曾研制出一种喷气式赛跑用汽车。它的动力就是类似喷气式飞机的涡轮燃气发动机。它可以用普通煤油作燃料，极速时每小时可跑300千米。

不用“吃”水的火车

乘火车对大家来说，几乎是家常便饭了。古老的火车是用蒸汽机推动的。它每小时要烧掉两三吨煤，蒸发一二十吨水。这煤和水是从哪儿来的？是从起发站加上去的。但是，这些煤和水远远不够它走长途。

怎么办？过去的办法是在火车车厢后面再挂一节专门装煤和水的煤水车厢。后来改为在中间站加煤、加水，这样就要停很长的时间，耽误旅程。

火车不吃“水”行不行？自从出现内燃机之后，有人就有用内燃机来代替蒸汽机推动火车的想法。内燃机不用“吃”水，但必须“吃”油。

一般汽车用的内燃机是烧汽油。如果用这种内燃机去开火车，那消耗的汽油就太多了。要知道，火车可不像汽车那样小巧玲珑，火车这个大家伙吃“汽油”可供不起。

怎么办？人们想起了柴油，柴油比汽油便宜得多啊！不过柴油比煤油还难点燃，怎么让它在内燃机里燃烧起来呢？

科学家分析，柴油在高温的空气中还是容易点燃的，而且一旦点燃起来，效果并不比汽油差多少。关键是要有高温的空气。

于是，科学家将一般烧汽油的内燃机加以改造，让汽缸先吸入空气，再加以压缩，这样一来，空气的温度就会急剧升高。这时，再将柴油通过细孔喷进高温空气中。柴油在高温空气中形成细雾，就会很快点着而燃烧起来。这种加压空气使柴油燃烧的内燃机，有别于汽车上用电火花点燃的内燃机，叫“压燃式内燃机”。而一般人则通称它为柴油机。

柴油机因为有一套使空气加压的装置，而且加的压力又比较大，所以比起一般内燃机来，要笨重一些。另外，因为它要加很大的压力，所以噪声比较大。要加压得需一定的时间，所以它起动速度也比较慢。这些都是柴油机的缺点。

柴油机这些缺点和它用油便宜的优点相比，在许多地方还是合算的。比如说，用柴油机来作火车头就较理想。因为火车本身就很宠大，笨一点没关系。再说它再笨也比带着大锅炉的蒸汽机车轻巧呀！火车在很宽敞的火车站上起动，不比在热闹的马路上，起动速度慢一点没有关系，噪声大点也影响不大。

世界上用柴油机作火车头动力的历史大约有 70 多年，这种火车头后来就叫内燃机车。我国于 1958 年开始试制内燃机车。我国第一批内燃机车有“东风”、“东方红”等型号，一节机车马力为 2000～4000。现在我国铁路上绝大部分都用内燃机车取代蒸汽机车了。

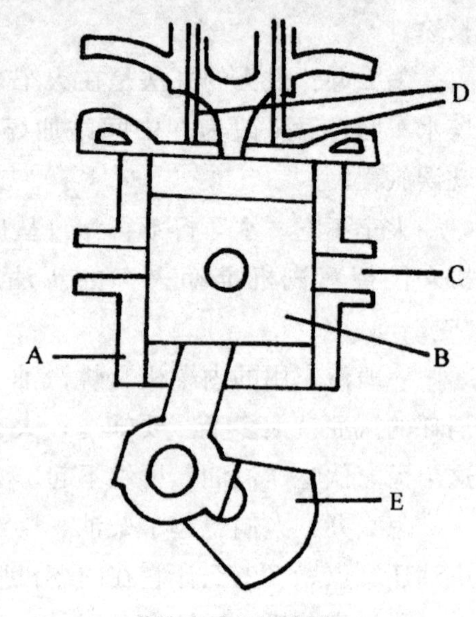

柴油发动机构造图

气缸（A） 活塞（B） 进气阀（C）
排气阀（D） 曲柄（E）

目前，内燃机车的推进方式有多种。一种是用柴油燃烧产生高温高压燃气推动活塞往复运动，经过连杆使曲柄旋转，带动车辆前进；另一种是通过柴油机带动发电机，再由发电机带动电动机使车轮旋转；还有一种是用柴油机通过液压装置带动车轮旋转。

柴油机由于不用水作介质，不用使水蒸发，它直接烧油汽化而工作，所以热效率高。一般内燃机车的总效率接近 30%，这要比蒸汽机车大 3 倍。它热效率高，消耗燃料较少，加足一次油可以行走 500～800 千米，所以可以把油直接存在车上，不必到车站上去加油。柴油机不必消耗大量的水，所以可以在沙漠和干旱缺水地区工作，这样就为我国边远地区开通火车提供方便。柴油机也是一种内燃机，燃料在汽缸内燃烧，所以司机室内比较清洁干净。

柴油机不只用在火车上，现在许多机器都相中了它。比如轮船、拖拉机、坦克、军舰、抽水机、小型发电机等。柴油这种曾被人称作石油兄弟中的“丑小鸭”，已变成“白天鹅”了，它在铁路上和江河湖海上，以及许多岗位上都在大显身手。

火井之谜

“火井沉荧于幽泉，高焰飞煽于天垂。”这是西晋初年文人左思作的《蜀都赋》中的诗句。这首诗是对当时人民煮盐作坊的描写。煮盐用的燃料来自一种“火井”，这种井将火种埋藏在深深的水井中，它冒出的气体一经点着，就会燃烧。燃烧起来的火焰直冲云天。

“火井”里到底埋藏什么气体呢？原来是天然气。天然气常常和石油共生在一起，它的主要成分是甲烷、乙烷、丙烷和丁烷，其中甲烷占的比例最大，常常占到80%以上，有时甚至高达95%。

我国是世界上最早利用天然气作燃料的国家。早在公元前200年，我国四川临邛县（即今四川邛崃县）就利用天然气来煮盐。上面那首诗描述的就是用天然气井煮盐的情况。据古书介绍，这种天然气井深达200米。而英国有记载的使用天然气的时间是1668年，这比我国要晚13个世纪多。

天然气的发现，与古时人民打井有关。当古时打井深度增加时，往往把含石油的油层也给打穿了，就有天然气冒出。清代道光十六年间，即公元1821年至1850年，四川就有许多钻井能手，他们用竹、木和钻头制成的钻机，钻穿了天然气田的主要地层，建成了深达1000米以上的气田，使天然气的开采达到十分高的水平。

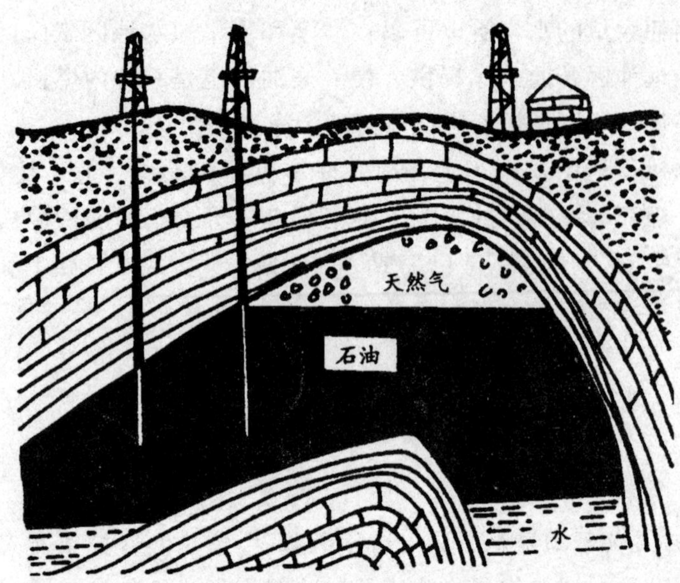

天然气和石油往往伴生在一起

天然气也和石油一样，是由几百万年前的动植物残骸在水底沉积，在与空气隔绝的条件下，经细菌分解而形成的。天然气往往和石油伴生在一起，由于它的主要成分是甲烷，所以发热量要比煤气高，几乎要高出 1 倍，所以天然气是一种理想的燃料，用它做饭火“猛”，省气。

在我国一些大城市里，已经使用了人工煤气。由于人工煤气必须由生产煤气的厂家，而且要用煤再加工得到，所以很麻烦。现在北京等城市，又在用天然气置换煤气。这是因为天然气除发热量比煤气高以外，对环境污染少。它烧起来没有烟和灰，十分干净，而且它含杂质少，所以产生的废气也少。

天然气和煤气一样，有一个非常大的优点，就是运输起来比较方便。可以用管道来进行运输，直接从天然气的产地引进千家万户。我国陕甘宁地区天然气产量丰富，虽然离北京距离很远，但是只要一次性投资建设输气管通，就可以得到长期的好处。所以，北京正在进行将陕甘宁地区的天然气引入工程，目前已有许多家庭将煤气置换成了天然气，享受到天然气这种能源带来的益处。

有的天然气还特别有意思，其中含有少量的氦气。氦气是一种比空气轻的气体，现在许多气球就是充入了氦气。这样，就可以用这种天然气来填充气球和飞艇。而且可以用这种轻飞行器来进行运输，这样既可以运输别的物体，还可以运输天然气本身，这不是一举两得的好事吗！

千变万化的能量——电能

人们常常把电能的应用，作为现代化的一种标志。革命导师列宁曾说过："只有当国家实现了电气化，为工业、农业和运输等打下了现代大工业的技术基础的时候，我们才能得到最后的胜利。"在1920年举行的全俄苏维埃第八次代表大会上，列宁作出了"共产主义就是苏维埃政权加全国电气化"的著名论断。我国也有一句比喻现代化的民间口语："楼上楼下，电灯电话。"这些话虽然并不能概括电的全部功能，但至少表明了电的作用已经深入人心。

电似乎是一种看不见摸不着的东西，但是它一旦被人们所发现和应用，则能深切地感受它的存在。它能使灯发亮、使炉子发热、使喇叭发音、使电影出影子、使风扇旋转……电到底是一种什么东西？它又为什么有这么大的本领？人们是怎样发现和应用电这种神秘而伟大的能量呢？要回答这些问题，得从"电"这个词的来历谈起。

雨和琥珀

电虽然看不见，但是还是能从大自然中感受到它。雷雨中的闪电就是一个例子。

有一位科学家说："電"（电的繁体字）是世界上最短的一篇科学

论文。即一个字就是一篇论文。“電”字带“雨”字头，说明电存在雷雨中，而“電”字下面“田”字甩出的尾巴就像雷雨中的闪电。

蒙昧时期的人类将雷电视作天神在发怒，在我国古代神话中有雷公雷母之说；在西方神话中则有司雷之神。而汉字造出的“電”字则科学地阐明了雷电的本质：雷电是云层中的放电现象。而这个现象则为美国科学家富兰克林的实验所证实。

1752 年，富兰克林在雷雨时，向云层中放出了一只风筝。风筝的引线是一根导电的金属丝，金属丝的下端系着一把金属钥匙。当他用手去摸钥匙时，在手指和钥匙之间，竟产生了“啪啪”作响的火花。他将金属丝放到一只测量电荷的莱顿瓶上，莱顿瓶竟给充上了电。

人们说，富兰克林用他勇敢冒险的行动捕捉到了雷电，也有人说他将天电引向了人间。当然，富兰克林的实验是十分危险的，后来有人仿效他的实验时，就遭雷击而牺牲了。所以，今天我们不必去重复他的实验。

富兰克林的实验，揭开了雷电的本质，也粉碎了神话中所说的雷电是天神发怒和雷公雷母作怪的错误观点。不过，有趣的是，我国神话中把雷电想像出有“雷公”和“雷母”，则有一定的道理。因为科学实验证明电确实有正电和负电之分。

现在科学家已经明白，雷电的能量来源于太阳辐射能。雷电常常发生在夏季，这是因为夏季烈日蒸烤着大地，使地面潮湿的气流急剧上升，便形成雷雨云。在一定的条件下，雷雨云之间，或雷雨云与地面之间就会产生放电现象。放电时间往往很短，只有十万分之一几秒。放电时间虽短，但电流强度却十分大，可以达到1万～10万安培。电流使空气电离而产生闪光；电流使空气振动又会伴随雷声。由于雷电产生的电流和电压都很大，所以产生的功率也相当大，可达几亿千瓦。这比现今人类建造的最大发电站功率还要大几十倍。但是，由于闪电持续时间很短，它所作的功并不大，不像发电站可以不断地发电。一个中等闪电作的功，还不到 10 千瓦，仅够 10 个 100 瓦灯泡点燃 1 小时。所以，闪电还难以作为工业上的能源来使用。

大自然能产生电，那么人工能不能造出电来呢？能。早在汉代时，我国人民就知道用人工方法产生电。

汉朝学者王充在《论衡》一书中说："顿牟缀芥，磁石引针。""顿牟"即"玳瑁"，是一种海龟的甲壳。"芥"是指细小的草芥。意思是说玳瑁可以呼引小草，磁石可以吸引铁针。磁石吸铁比较明显，玳瑁怎么能吸草呢？原来用玳瑁和皮毛摩擦后，会产生静电，吸住细小的东西。可见我国在汉朝时就懂得用人工方法得到静电。南北朝的医学家陶弘景则发现用琥珀在手心中摩热，也可以拾芥。琥珀是一种包有小虫的树脂，它的性质和玳瑁差不多。

顿牟掇芥

据说在公元前 600 年，希腊哲学家泰利斯也发现用琥珀和皮毛摩擦可以吸住羽毛等轻小东西。后来，英国人吉尔伯进一步发现别的东西摩擦后也有此现象。如用玻璃与丝绸摩擦等。吉尔伯把这种现象叫做"电"，即英文 electricity，这个英文词就来源于拉丁文的"琥珀"，即 ēlectrum。看来英文和汉文中的"电"字都科学地包括了电的起因。

1733 年，法国化学家迪弗在实验中，进一步发现了电的性质。他用和皮毛摩擦后带电的琥珀棒，与用和丝绸摩擦后带电的玻璃棒靠近，发现它们之间互相吸引；用两根带电玻璃、或两根带电的琥珀靠近，则会互相排斥。于是，他认为这两种东西带有不同性质的电，一种带"玻璃电"、一种带"琥珀电"。后来科学家分别称它们为"正电"和"负电"，这就类似我国神话中说的"雷公"和"雷母"了。原来电有“同性相斥，异性相吸”的有趣特性。

现在我们对静电已经不陌生了，因为我们在用塑料梳子梳头发时，或者在脱人造毛织的毛衣时，都会发现有“哔哔啪啪”作响的火花产生。这些现象都是静电在作怪。在过去，人们还没有发现静电有多大的用途，现在人们为它找到了用场，如用静电复印、静电除尘、静电植绒和静电喷漆等。但是，静电的用途毕竟还不很大，所以科学家又在寻找一种可以作为动力的电——“动电”。

青蛙身上的电

许多生物身上都带有电。大家也许听说过，非洲有一种电鱼，当人接触它时，它会发出电把人击昏。现在人们已经明白，凡是生物身上都有电，只不过多少不同而已。

科学家正是通过发现生物电而找到动力电——“动电”的。

1786 年，意大利物理学家兼解剖学家伽伐尼正在做解剖青蛙的实验。有一次，他偶然将两种不同的金属片接触到解剖后的青蛙大腿上。这时，他发现青蛙大腿的肌肉突然发生抽搐。他将莱顿瓶的两极放到青蛙肌肉上，莱顿瓶竟发生了动作。于是，他认为青蛙腿上带有“生物电”。

意大利物理学家伏特得知这一现象后，认为青蛙产生电的根本原因不是它的大腿肌肉，而是那两根不同的金属片。为了证实自己的见解，在 1800 年，伏特做了一个实验。他将铜片和锌片插在盐水溶液中，果真在两片金属之间产生了电流。后来，他将许多圆形锌片、圆形铜片一一相间地叠在一起，并在它们之间分别夹上一层圆形浸有盐水的纸片。然后用两根金属线分别把铜片和锌片连接起来，再在金属线之间接上电流计，于是电流计上有很大的电流通过。这种装置后来被人们称为“伏特堆”，实际上它是世界上最早的电池，一种可以连续

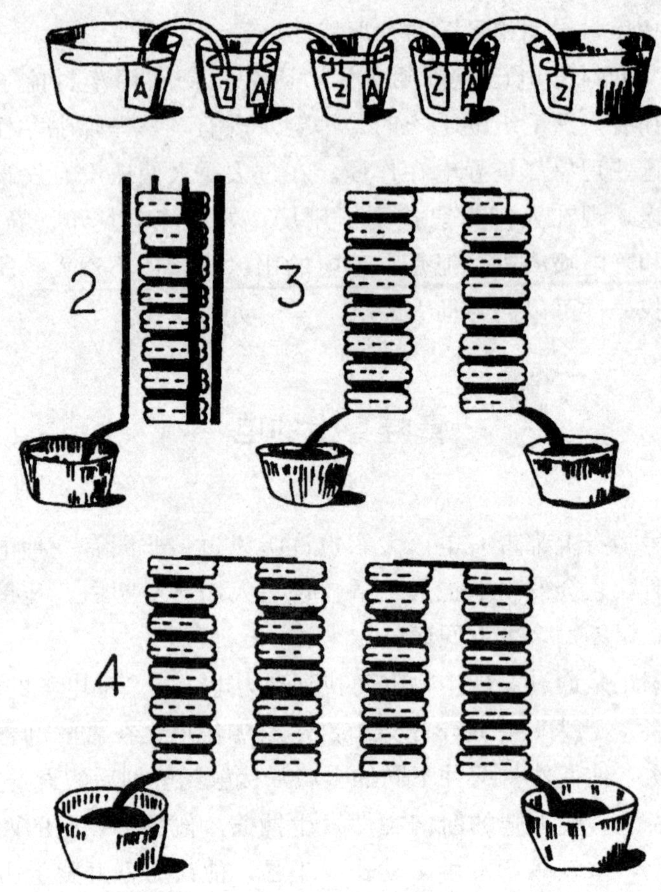

伏特原著中的电池图

产生电流的化学电池。

伏特电池产生的电流是流动的，即是一种“动电”，它可以推动电流计的指针旋转，这就预示它将可以产生动力。这样，就为“动电”开辟了广阔的前途，并很快显示它优于静电了。

伽伐尼和伏特的实验，把人类对电的认识推进到了一个新阶段。人类开始从静电的研究发展到对动力电的研究了。然而，伏特电池产生的电流毕竟太小，还不能用来作为工业生产的动力。尽管这样，我们还要为伏特电池大声喝彩，因为在日常生活中或者在工业生产中，我国还会见到伏特电池的“兄弟们”。

电筒里用的干电池、电瓶车上用的蓄电池等等，可以说是伏特电池的“同胞兄弟”，它们都是利用化学原理工作的电池。

干电池有许多种，如锌锰干电池、锌锰卷式电池等。它的外壳是锌皮，中间是碳棒，这就是两极。它的内芯装的是二氧化锰，这就是电解质。在电解质的化学作用下，在锌皮和碳棒之间就会产生电流。当电解质用完时，电池就不能工作了。所以，干电池是一次性电池，不能反复使用。

蓄电池则是一种可以反复使用的电池。它也有很多种，如铅酸蓄电池、银锌蓄电池和镉镍蓄电池等。它与干电池不同的是，其中的电解质是溶液。电池工作完了之后，可以给电池充电，使电极板上的化学物回到放电前的状态，继续使用。

现在，科学家利用化学电池的原理，发明出了一种新型的化学电池——燃料电池，这种电池已经广泛地用在航天飞行器上。1981 年 11 月，美国“哥伦比亚”号航天飞机第二次飞行时，计划飞行 5 天，后来因出故障，缩短成 54 个小时。哪儿出了故障？原来是上面的燃料电池出了毛病。

燃料电池是一种什么电池呢？它是利用燃料发生化学反应直接产生电流的。早在 1839 年，英国科学家格罗夫就设计了利用氢气和氧气的化学反应来制成燃料电池。可惜的是，当时并没有付诸实践。直到 20世纪 50 年代，由于空间科学技术的需要，才真正把这种电池制造了出来。这种电池的特点是，它的燃料和氧化剂都放置在电池外面，可以源源不断地补充，所以，它不用充电，就可以持续使用。现在，各种不同燃料和氧化剂的燃料电池都已经出现了，其中燃料有氢气、甲醇和甲烷等；氧化剂有氧气、双氧水和空气等。它不仅用在宇航飞行器上，也已用在潜艇、电动汽车、舰船和军用小型电站中。

在电池“队伍”中，除了利用化学原理工作外，现在又有了许多利用别的原理工作的新军。比如有利用太阳辐射和半导体材料制成的太阳能半导体电池，有利用放射性同位素的衰变热，直接转换成电能的原子能电池等。许多人的电子手表和电子计算器用的就是太阳能半导体电池。

“发电机婴儿”

1831年8月，英国科学家法拉第用铁环和铜丝做了一个实验装置。他用铜丝在铁环上绕了两个线圈。一个线圈接上一个电流计；另一个线圈接上电池。在接通电池一瞬间，他发现电流计的指针摆动了。同样，断开电源一瞬间，也出现同样情况。而当电池长期接通和断开时，指针都不摆动，总是指向零。

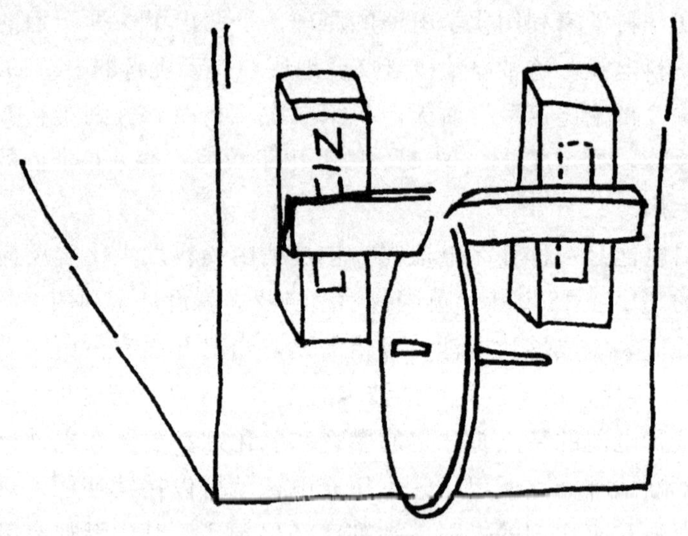

这是法拉第日记上的“发电机”草图

于是，他得出结论：电流是瞬间运动“感生”出来的，原因是线圈里产生了一个运动着的磁场。

为了证实他的结论，他找来一块条形永久磁铁和一个空心线圈。

他将线圈两头接到电流计上。接着，他用手拿着条形磁铁，不断地在线圈中上下运动，这时，电流计上的指针果真摆动了。这就充分证明：运动着的磁场会在线圈中产生出电流来。

法拉第从这些实验中，终于萌发出了一个长期产生电流的方法，即制出一种发电机。这一年 10 月，他画出了这种发电机的草图。它有一个马蹄形磁铁和一个大圆盘。再在铜盘中心和边缘之间接上一块电流表。当用手摆动铜盘时，就在电流表上感生出了电流。发电机成功了！

可是，当他将这世界上第一台发电机拿到皇家学会去表演时，一位贵夫人竟对他说："这玩艺儿有什么用处？"

法拉第想了一下，回答："夫人，您不应当去问一位刚出生的婴儿会有什么出息。"

是的，婴儿有什么用途？他的用途在于长大以后啊！发电机这个初生的"婴儿"刚诞生，人们那时还没有估计出它未来的用途。

现在，距法拉第第一台发电机的诞生，已经过去 100 多年了，我们已经享受到了"发电机婴儿"的无穷用途了。今天，离开了电，人们将不知怎么生活呢！电，它已经成了当今世界的重大能源啊！

让我们再来回顾一下"发电机婴儿"的成长史吧。

和那位贵夫人想法相反，当时许多科学家看到了"发电机婴儿"的远大前途。他们将这台原始发电机加以改进。用线圈代替铜盘，改成在永久磁铁磁极间运动，制成了一种体积庞大的发电机。到 1844 年，人们开始利用这种发电机发出的电来带动电动机，为机器提供动力了。

但是，这种发电机还是太笨重了。1845 年，英国人惠斯通用电磁铁代替永久磁铁，制成了新式发电机。由于电磁铁可以产生比永久磁铁更强有力的磁场，所以发出的电流更大了。1872 年，德国电气工程师黑夫纳——阿尔特纳克进一步加以改进，终于设计出第一台真正高效率的发电机。从此，电力终于可以廉价而大规模地生产了。"发电机婴儿”终于长大成才了！一个新型的工业部门——电力工业诞生了！

1882年，爱迪生在美国建成了世界上第一座火力发电站。接着，火力发电站在世界遍地开花。火力发电站依靠煤加热蒸汽机中的水，由水蒸气推动发动机，再由蒸汽发动机推动发电机发电。后来，又用内燃机来代替蒸汽机推动发电机发电。同时又出现了水力发电站，水力发电是利用水的力量推动水轮机，再由水轮机推动发电机发电。火力发电和水力发电，已经成为当今电力的两大主要来源。

当然，人们并不满足这两种发电方式。因为这两种发电机都需要一个原动机带动它，才能发出电来。而原动机本身就要损失不少能量，从而限制了发电机的效率。

拿蒸汽机这种原动机来说，效率只有35%。后来改用内燃机来作动力，烧柴油的柴油机效率也只有40%。它们的效率太低了。于是有人想，可不可取消原动机，直接将热能转化为电能呢？可以，这就是磁流体发电。

1910年，就有人提出了关于用磁流体来发电的专利。这种发电原理的基本思想是这样的：既然一根固体导线在磁场中切割磁场可以在导线中产生电流，那么，用一种导电的流体去流过磁场，这样在流体中不也会产生出电流来吗！原理是对的。可惜的是，当时的科技水平有限，没有能力产生高速的导电流体，也没有足够大的磁场，以至这个大胆的设想被搁置下来。

第二次世界大战以后，由于等离子物理和磁性流体力学的发展，使磁流体发电技术有了实现的可能。办法是通过高温使气体充分电离，同时在气体中植入碱金属化合物，以降低气体电离温度。同时，强磁力的电磁铁也制造出来。1959年，美国阿夫科公司终于建成了一台功率为11.5瓦的试验性磁流体发电装置。接着，前苏联、日本、加拿大等国都建起了类似试验性发电机。发电功率也越来越大，其中最大的达25 000千瓦。由于高温导电流体还可以继续用来产生蒸汽，用蒸汽动力来发电，所以发电功率可以加大到75 000千瓦。

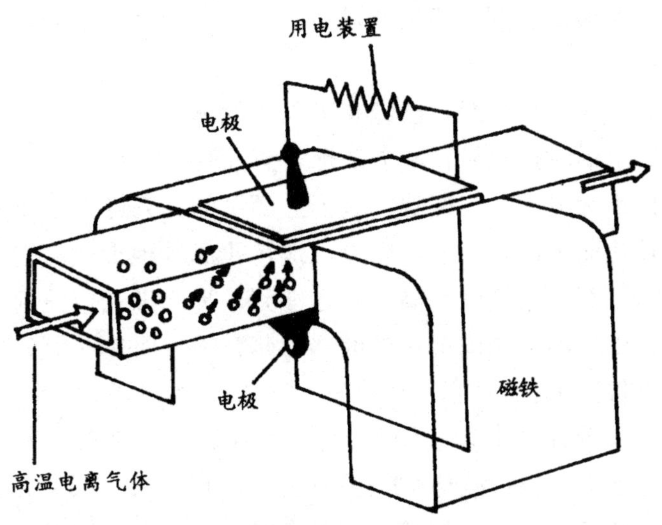

磁流体发电原理示意图

磁流体发电对环境污染小，设备简单，还有利于综合利用，所以它有许多优点。但是，目前由于存在许多技术问题，它还没有得到实际应用。这些问题包括高速气体对电极损害大、产生高温需要足够的燃料等。这些问题一旦解决，磁流体发电将走向实用阶段。

“上帝创造的奇迹”

电力是一种二次能源，它由其他能源转化而来。如用煤的火力和江河的水力等。为什么人们要费这种周折来千方百计得到电呢?

原来电能有着其他能源难以具备的优点。当电这个新生“婴儿”刚刚诞生时，革命导师恩格斯就预见到了它的巨大作用。1783 年，他在致伯恩斯坦的信中说，电的利用将为我们开辟一条道路，使一切种类的能——热、机械运动、电、磁、光——互相转化，并把它们在工业中加以利用。他还说，高压输电使工业彻底摆脱了地方条件的界限，最初它只是对城市有利，那末到最后，它将成为消除城乡对立的最强有力的杠杆。

今天我们对这一论断，已经有了真实的体会了：当广大农村也都有了电灯、电话时，农村和城市又有多少差别呢！

让我们来为电评功摆好吧。除了上面说的，它可以方便地由其他各种能源转化而来以外，还可以方便地转化成其他形式的能。它可以远距离输送，而且转换效率高，召之即到，挥之即去，控制自如。电在人们心目中，不再是没有用处的“婴儿”了，而是一个又听话又有能耐的“干将”了。

我们先来看看电这个魔术师的种种表演。1808 年英国科学家戴维在碳棒上通上电，很快碳棒被烧得通红，发起热来。原来，电可以变成热和光。1877 年，法国巴黎的一条大街上，点燃起一支支奇怪的路灯，它不是油灯，而是电烛——一种用电使碳棒发光的灯。1880 年，美国发明家爱迪生用竹丝烧成碳丝，安到灯泡里，抽出里面的空气，通上电流后，它会发光，这就是世界上第一只实用的白炽灯。这只电灯竟亮了 1200 个小时。如今，电灯、电炉为我们带来的光和热，为我们的生产和生活带来很大的便利。

还是那个戴维先生，有一次他将两根电极插在水中，然后在电极上通上电。奇怪，他发现杯子的水慢慢减少了，后来电将水分解了，放出了其中的氢气和氧气。电流使水起了化学变化。这是电变的另一个魔术：电能变成了化学能。

法国科学家安培在 1820 年做了一螺旋形线圈，当他在线圈中通上电之后，发现线圈带有磁性。于是，他制造出了电磁铁。从此，人们再也不必费尽心机去寻找天然磁铁了；从此，比天然磁铁磁性强得多的人造磁铁出现了。这里，我们看到了电这个魔术师的另一个表演：电能变成了磁能。

电有了这个本领，创造出了许多新的奇迹。美国画家莫尔斯利用电磁原理，发明了电报机。1844 年 5 月 24 日，他把电报机带到华盛顿的国会大厦表演发报。他的助手在40英里（1英里≈1.61千米）外的巴尔的摩收报。世界上第一份长途电报打通了。报文是："上帝创造

莫尔斯电报机

了何等的奇迹。"其实，这奇迹不是上帝创造的，而是电和磁创造的。1875年6月，从英国移居美国的发明家贝尔，创造了另一个奇迹：造出了世界上第一部电磁式电话。从此，远隔千山万水的人们不光能用电"通信"，而且可以"通话"了。1895年，意大利科学家马可尼让电磁波信号飞越大海，实现了7000米远的无线电通信。与此同时，俄国物理学家波波夫也得到类似的成功。从此，用电磁波信号得到的无线电波开始显示神通。收音机、电视机……开始走进千家万户。

1831 年，美国人亨利使通电导线在磁场作用下运动，设计出世界上第一台电动机。接着，里奇造出了可以旋转的电动机。不久，俄国科学家雅科比用电动机推动一只游艇。游艇载着 12 名乘客，渡过了涅瓦河，引起了轰动。从此，电动机开始在各种机械中得到运用。电力机车、电泵、电力机床、电力起重机……这是电变的另一个魔术：电能变成机械能。有了电动机这个“大力士”，人们从此从手工劳动中得以彻底解放了。

电能的另一个优点是输送方便，这一点是别的能源望尘莫及的。你看，为了送煤，得动用火车、汽车，真是“少、慢、差、费”。运油稍微方便一点，除可以用油罐车运外，还可以用输油管运。但是，建输油管也很麻烦。水力和风力“运”起来就更麻烦了。风力是在一定条件的地方产生的，根本无法运。水力也不是处处都可以用，要“接力”也挺费事。

电力运送则极其简单，只要架起电线就行。电磁波运送更简单，只要有不受屏蔽的空间，它就可以传播。电力和电磁波传播速度也快，比汽车、火车快不知多少倍。我们今天生活在电气化时代，充分享受了电带来的益处，难怪恩格斯把它比成是消除城乡差别的杠杆哩。

“小人国”的大力士——原子能

人们最早认识原子能的威力，大概是原子弹的爆炸了。1945 年 8 月，美国把一颗代号为“小男孩”的原子弹投到了日本广岛。接着，又把一颗代号为“胖子”的原子弹投到了日本的长崎。这两颗小小的“炸弹”竟造成了 20 万人的伤亡，几乎毁灭了两座城市。

这是何等大的威力啊！这些威力来自何处？能否把它的毁灭力量变为和平的能源？

科学家早就在思考这些问题，也在不断地探索这个问题。他们告诉我们，这巨大的威力竟来自小小的原子核。原子核有多大？我们先来看看原子有多大。1978 年 2 月，日本京都大学研究人员用超高度分辨能力的电子显微镜，看到原子的图像。发现原子只有一亿分之一至一亿分之四厘米大小。50 万个原子排起来，才有头发丝那么粗。1 亿个原子排起来，才有我们的指甲宽。而原子核只是原子中心的一部分，它的直径只有原子直径的十万分之一至万分之一。

原子核这么小，可是它在裂变时却能放射出巨大的能量。1 千克铀裂变后释放的能量竟相当 2500 吨煤燃烧所放出的热量。原子弹爆炸是将这种能量瞬时放出来，所以会造成不可估量的破坏力量。科学家们想出了办法，让原子能慢慢地释放出来，使它为人类的和平事业输出源源不断的能量，这就是原子能发电的原理。

“不可再分割”的微粒

“原子”这个词，最早是由古希腊学者提出来的。当时享有盛名的学者德谟克利特提出，一切事物的本源，是原子和虚无的空间。也就是说，世界万物都是由原子组合而成的。

“原子”这个词在希腊文中的意思，是“不可再分割”的微粒。后来经过许多科学家的努力，人们终于建立了物质的“原子、分子学说”，认为：物质是由分子组成，分子是保留物质物理性质的最小微粒；分子由原子组成，原子是用化学方法不能再分割的最小粒子。

后来，科学家通过实验，又打破了原子不可分割的说法。这时，被称为“原子物理先驱”的卢瑟福提出了原子模型的设想，并很快得到了科学家的公认。这个原子模型就像太阳系的构造一样，在原子的中央有一个带正电的核，在核的周围有一些电子环绕核旋转，就像行星绕着太阳旋转一样。进一步分析原子核，它又是由若干质子和若干中子组成的。其中质子带正电，中子不带电。原子质量的99.97%都集中在原子核上。同一种元素的质子数相同，但中子数可能不同，这样就形成了同一元素的各种同位素。比如铀元素就有铀235、铀238等同位素，其中铀235的原子核中有92个质子、143个中子；铀238的原子核中有92个质子、146个中子。氢元素有氢、氘、氚等同位素，其中氢由1个质子组成；氘由1个质子和1个中子组成；氚由1个质子和2个中子组成。

你是否想到，在这小小的原子核里竟蕴藏着巨大的能量，这就是大名鼎鼎的原子能。首先预见到原子能存在的科学家是当代伟大的科学家爱因斯坦。他创立的相对论引出了著名的质量能量关系定律，即认为质量是能量存在的一种形式，它们之间可以互相转化，转化的公式是：

$$E=mc^2$$

其中 E 表示能量，m 表示质量，C 表示光速。光速在真空中速度为每秒 30 万千米，c^2 在数值上达 9 万亿亿。因此，任何微小的物质都包含着巨大的能量，只要实现质量和能量的转化就行。原子核裂变，就可以实现这种转化。原子就是使原子核裂变而得到的。美国海军“企业”号核动力航空母舰就是使用原子能，所以在这艘航空母舰的甲板上，就刷上了大大的 $E=mc^2$ 公式。

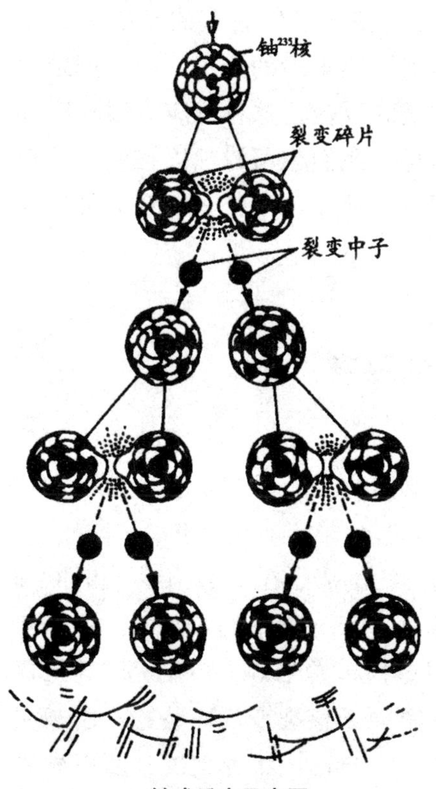

链式反应示意图

有人会问，原子核这么小，怎么使它发生裂变呢？科学家想出了一种办法，就是用一种以中子作炮弹的“大炮”去轰击原子核。

1938 年秋天，德国物理学家哈恩和史特拉斯曼，用中子轰击铀核，使铀分裂成了两种新核。后来科学家又发现，铀核在分裂的过程中又产生了几个新的中子，而且出现了“质量亏损”。这些质量亏损到什么地方去了呢？科学家用爱因斯坦的质能转化公式一解释，终于明白了：那些亏损的质量变成了能量。有人计算了一下，在裂变中只要有0.214 69“原子质量单位”的质量亏损，就可以转化成 200 兆电子伏特的能量。一个“原子质量单位”为碳 12 原子质量的十二分之一，而碳 12 是一种碳的同位素，它的原子质量仅有0.000 000 000 000 000 000 000 019 93克。大家可以想象这原子质量是如何的小，而这么小的质量亏损变成的能量又是如何的大。仅1千克铀原子，如果全部裂变，竟可以放出180亿千卡的热量。这些能量相当于全美国两个星期的发电量，或者2700多吨煤发出的热量。

原子核裂变时，还有一个奇异的现象。它除了产生两个新核外，还会放出新中子。这些新中子又会去轰击新核，产生成倍的新核和新中子；成倍的新中子又去轰击成倍的新核，产生更多的新核和新中子……这样不断地反应下去，就像一条持续不断的链子，似山崩地裂般地进行下去，这种反应科学上叫作链式反应。这种反应可以在瞬间进行，这就是原子弹爆炸的原理。但是，我们也可以加以控制，使反应慢慢进行，这就是核电站的工作原理。那么，用什么装置去加以控制呢？这种装置就是核反应堆。

核反应堆的秘密

提起核反应堆，也许有人会问：既然它是一种核反应装置，为什么不叫“装置”而叫“堆”呢？要揭穿这个秘密，我们来说一段故事。

原子能的实际试验，是在美国进行的。那是在1942年，当时欧洲正处于第二次世界大战中，许多原子科学家都集中到了美国。这一年12月，流亡到美国的意大利科学家恩里柯·费米等人，在美国芝加哥大学操场的地下，建造了世界上第一个原子核裂变反应装置。由于实验极为保密，工作人员一律不许对外讲出自己的工作情况，所以外界一般人是不知道这里的秘密的。

这个反应装置是由铀和石墨一层隔一层堆积而成的，共有57层，组成一个“堆”。这个“堆”极其庞大，据说光是使用的石墨，就够为当时全球每个人做一支铅笔。

当时的工作人员为了保密，在对外联系时，不能暴露真相。在打电报时，就只用一个简单的词“Pile”来代表实验装置，这个词的意思就是“堆”。后来，原子核裂变反应装置为世人所知，已经不成为秘密了，但是那个代号“堆”却沿用了下来，成为反应装置的正式名称。

有了反应堆，就可以控制原子核裂变反应的速度，使核能得到和平应用，如发电等。

现在反应堆的种类很多，有压水堆、天然铀石墨气冷堆等等，一般核电站用的是压水堆。压水堆就是加压水型反应堆。在这种反应堆里，装有核燃料，如铀 235 等。为了控制反应速度，反应堆里还装有许多组控制棒。控制棒一般都是用能吸收中子的材料制成，如银铟镉合金、硼钠等。核燃料在反应堆中排成有规则的堆芯，放在一种坚固的钢容器里。控制棒由电动机驱动，根据需要来控制中子的多少，从

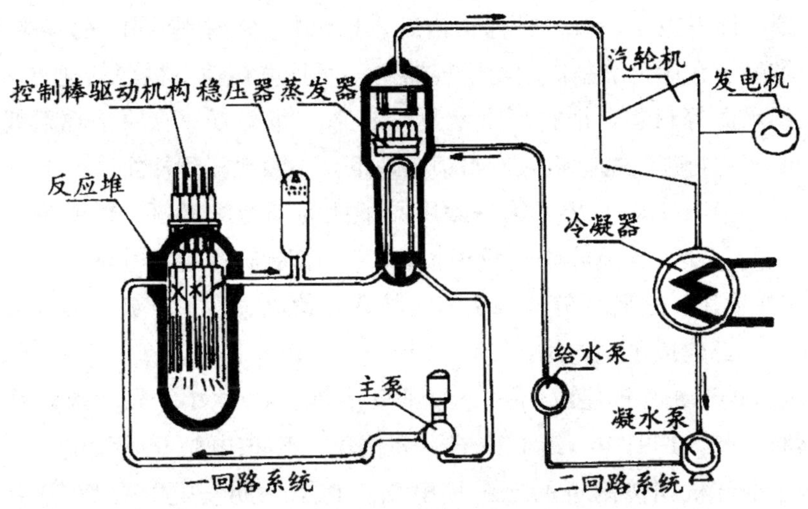

压水堆型核电站示意图

而掌握裂变反应的速度。反应堆在裂变反应时会产生巨大的热量，这些热量可以用高压水带走。

在核电站里，反应堆是关键性装置。为了将原子核裂变的能量用来发电，还得有一套完整的设备。它除反应堆外，还有蒸发器、汽轮机和发电机等。此外，还有蒸汽和水的管路等。

在用压水堆作反应堆的核电站里，总共有两套管道回路。第一套

回路是通过主泵输入高压水，水进入反应堆后，被裂变反应的热能加温，高温水经稳压器进入蒸发器中，将第二套回路里的水加温，变成蒸汽。蒸汽进入汽轮机，带动汽轮机，汽轮机带动发电机发电。从汽轮机出来的蒸汽还可以通过冷凝器和泵，进入蒸发器中再次利用。从蒸发器中出来的另一部高压水还可以返回到反应堆中。

也许有人会担心，原子能发电站安全吗？它不会像原子弹那样爆炸吧？这种担心是多余的。首先，原子能发电站和原子弹虽然都是利用原子核释放的能量工作的，但它们的工作原理和过程是不同的。原子弹的能量释放速度不能控制，在瞬间进行；而原子能发电站的能量可以通过控制棒控制，按需要慢慢释放。可见，原子能发电站决不会爆炸。此外，原子能发电站还有多种保护措施。核燃料是放在坚固的钢容器里，反应堆又装在用金属制作的耐压容器中，而且埋在地下很深的地方。周围又用水泥等材料，把它严密地封锁起来。即使万一有原子辐射线泄漏，严密的封锁线也会把它们封锁在地下，不致泄漏到外面。

1954 年 1 月，世界上第一艘用原子能为动力的潜艇“鹦鹉螺”号下水。同年 6 月，前苏联建成了世界第一座原子核能发电站，发电量为 5000 千瓦。之后，美国、法国、前联邦德国、日本、英国等许多国家和地区都建成了核电站。

我国于 1958 年建成第一个原子反应堆。1964 年，成功地爆炸第一颗原子弹。1991 年 12 月 15 日，我国第一座核电站开始发电，这就是位于浙江杭州湾附近的秦山核电站。它第一期发电能力为 30 万千瓦，第二期发电能力为 60 万千瓦。接着又建造了位于广东大亚湾的第二座核电站，这座电站装有两台 90 万千瓦的反应堆，年发电量可达 100亿千瓦小时。1994年2月7日，大亚湾核电站的1号机组已正式运行发电。据报道，我国还将在江苏、辽宁等地，建设大型核电站。相信在下一世纪，原子能将成为我国重要的能源。

目前，全世界有 200 多座核电站在工作。在几十年的工作过程中，没有发生一起爆炸事故。当然，也有个别核电站发生核泄漏事故，美国和前苏联都发生过核事故，但都不是核爆炸，主要是放射性污染。如 1979 年美国三里岛核电站就发生一起核泄漏事故，有 3 人受到了污染。可以说，绝大多数核电站都是安全可靠的。

人造小太阳

你知道太阳为什么会不停地发出巨大的光和热吗？原来太阳上也在进行原子核反应哩。

早在 1938 年，科学家贝特就指出，在太阳的炽热的核心里，正在发生核聚变反应，即不断地由许多质子合成原子核的反应。

前面我们已经讲过原子核的裂变反应，这里说的却是原子核的聚变反应，这是怎么回事呢？

前面讲过，像铀这样的重元素，它在裂变时，会有质量亏损，这些亏损的质量会变成巨大的能量，这就是裂变能。原子弹和原子发电站都是利用这种原理工作的。

我们现在来看轻元素，如氢和氦。氢原子核是由 1 个质子组成的。氦原子核则是由 2 个质子和 2 个中子组成的。根据计算，氦原子的质量应该是4.031 872“原子质量单位”。但是，科学家阿斯顿在用他的仪器实测氦原子质量时，却只有4.001 507“原子质量单位”。这就是说，氦原子质量的理论值与实际值亏了0.303 65“原子质量单位”。

又是产生了质量亏损。根据物质守恒定律，这些质量亏损是化成了原子的结合能，原子核就是靠这种结合能把质子和中子“粘”在一起。这种结合能在科学上就叫聚变能。由此可见，原子核裂变可以释放出能量，同样，原子核聚合也可以释放出能量。这种聚变能就是聚变反应的产物。

在太阳的核心里，正在发生 4 个质子合成一个氦核的反应，所以它会发出巨大的聚变能，光和热就是聚变能产生的。

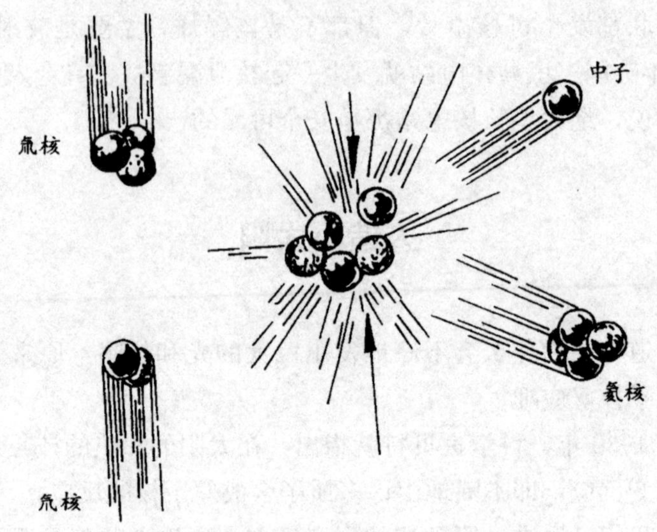

氘核和氚核的聚合反应

聚变反应的燃料一般是轻元素，如氦、氢及其同位素等。一个氢同位素氘核和一个氢同位素氚核互相碰撞，发生聚变反应，可生成一个氦核。聚变时同时释放出很大的能量，这种能量比裂变反应时发出的能量还要大。生成 1 克氦核的聚变反应，释放出来的能量大约与燃烧 12 吨煤相当，这要比同样重量的核燃料裂变反应产生的能量大好几倍。

根据这个道理，科学家准备用人工的方法来重现太阳核心的反应，也就是人工制造“小太阳”。

不过，实行原子核的聚变反应有一个条件，必须加温，使原子核以极高的速度运动，才有可能叫它们聚在一起。不过，一旦聚变反应发生，就不必再加温了，它自己产生的能量就可以维持反应的要求了。这就像一般燃料，只要点着，它就不必老加温，自己就可以燃烧起来一样。正因为这个原因，人们才把原子核的聚变反应称作热核反应。比如为了使两个氘核或氢核发生聚变，就必须使它们充分靠近，近到只有十万分之一厘米的距离，要做到这一点，必须具有几千万摄氏度到两亿摄氏度的高温才行。因此，要实现聚变反应，获取这种反应的高能量，首先要付出高的温度。

1952 年，美国首先用人工方法实现了核聚变，这就是氢弹爆炸。氢弹原来就是用氢等轻元素作原料，用高温来促使这些元素的核聚变的产物。那么，氢弹里的高温是怎么得到的呢？是用原子弹爆炸得到的。也就是说，一颗氢弹里其实还藏有一个小小的原子弹。这个小小的原子弹就像普通炸弹里的雷管，它先爆炸，产生几百至几千万摄氏度的高温。在这种温度的“引燃”下，氢弹里的重氢发生核聚变，变成了氦核。在一瞬间，产生比原子弹还大的爆炸能量。1952 年 11 月 1 日，美国在太平洋一个小岛爆炸的一枚叫“麦克”的氢弹几乎把这个小岛削平了。

后来，人们又制造了威力更大的氢弹。这种氢弹里装的聚变原料是氢化锂或氘化锂，其中的“引爆”原子弹有多个普通的铀弹，或钚弹。1 千克氘化锂的爆炸能力相当于 5 万吨烈性炸药梯恩梯。我国于 1969 年 6 月 17 日也成功爆炸了第一颗氢弹。这颗氢弹里面装的核“炸药”就是氢化锂和氘化锂。

可控热核反应堆

还有一种更厉害的氢弹叫钴弹。它是在氢弹外面包上一层金属钴。当氢弹爆炸时，释放出中子，撞击钴核，产生钴同位素。这种钴同位素放射性极强，杀伤力极大。它产生的烟尘所到之处，一切生命都会死亡。

氢弹，实际上是战争之“神”。能不能变战争之“神”为和平的使者呢？也就是说，能不能让原子核的聚变反应变得可以控制，使它像原子能发电站那样，慢慢释放出能量来，为人类造福呢?

这种可以控制的热核反应，科学家叫它受控热核反应。从1952年氢弹爆炸之时起，就有许多国家在秘密研究这个问题。我国也已经有了自己的受控热核反应试验装置。

要使热核反应得到控制，必须保证参加反应的热核材料得到充分的约束。由于裂变反应堆的燃料是固体，反应温度只有几百摄氏度到两千多摄氏度，可以装在壳体中，用控制棒让它慢慢反应，这样做困难不是很大；而聚变反应是在几千万摄氏度的高温下进行，这时所有的物质都被电离，变成了等离子体，控制起来就十分麻烦，因为至今还没有一种材料可在几千万摄氏度高温下不化，所以找到不化的容器来装核燃料就成了难题。后来，科学家找到一种“磁约束”的办法。据说，已经建成的大型磁约束受控热核反应装置，可以在6千万摄氏度高温下，约束核聚变反应。当然，这并不是说热核反应完全可以控制了。但是，和平利用热核反应的前景还是很美好的。有人预计，热核反应的实际应用，即热核发电站的运行，大约在下世纪可以实现。

据计算，建成一座可控热核聚变反应发电站的投资是烧煤的火力发电站的6倍，是裂变反应核发电站的4倍。一座功率为150万千瓦的可控热核发电厂，光要使用的钢材就要5万吨，仅此一项，就相当于同功率火力发电厂的全部投资。看来，建成热核发电站的任务是艰巨的，但是它产生的能量却是无可比拟的，人类一定会在地球上造出许多可以控制的“小太阳”，而不需要像神话中的盗火神普罗米修斯那样，去天上“盗火”。

烧不完的“天火”——太阳能

“万物生长靠太阳”，这句话充分说明了太阳能对人类的帮助。自古以来，人类就无偿地承受了太阳的光和热。那时他们不知道太阳为什么会有这么大的威力，所以把太阳看作是天神。在古希腊神话中，太阳神的名字叫“阿波罗”，他是天神宙斯的儿子。在中国上古神话中，太阳的母亲叫羲和，她总共生了10个儿子，即10个太阳。天帝叫这10个太阳轮流在天上巡游，所以上古人看到的是10个太阳。

现在科学家已经查明，太阳表面是一片火海，温度达6000摄氏度；内部主要是由氢组成，那里在进行剧烈的热核反应，温度达2000万摄氏度以上。正因为这样，它才会发出无穷无尽的光和热。

自古以来，人类就不甘心被动地接受太阳的恩赐，他们不断主动地去索取更多的太阳光和热。

古老的神话也反映了人类这种美好的愿望。古希腊神话中有个叫普罗米修斯的“盗火神”，他看到人类初创时没有火，就向天神宙斯去要。天神不给，他折了一枝茴香杆，到太阳车上去点燃，再将火种带到地上，使人间得到温暖。在中国上古神话中，有一个叫夸父的能人，他不喜欢黑夜，在太阳西下的时候，去追赶太阳，准备捉住它，让它永远留在天上，照亮人类。

当然，神话只不过是在科学技术不发达的时代，反映人们的美好愿望而已。真正利用太阳能，是人类掌握科学技术之后。让我们来看看人类是怎样向太阳索取光和热，怎样利用太阳能的吧。

向阳门户早迎春

我国人民早就懂得利用太阳能，除了知道太阳对农作物生长有极大作用外，在日常生活的许多方面，也在尽力利用太阳能。

我国的民居，早就有座北朝南的取向，这就是因为朝南，可以更多地得到太阳光的照射。“向阳门户早迎春”这句古话，说的就是这个道理。

太阳到底有多大的能量呢？据估计，太阳每秒钟可发出 275 亿亿亿焦耳的热能，也就是相当 375 亿亿亿瓦的功率，它几乎等于每秒钟燃烧 1.3 亿亿吨煤所产生的能量。太阳离我们地球有 1.5 亿千米远，大概只有二十二亿分之一的能量到达地球。不过，这些能量也足足有 170 万亿千瓦。

由于地球表面有大气层包围，它会吸收和反射一部分能量，这样，到达地面的能量只有 80 万亿千瓦。这个数目也不可小看。它比目前全世界一年之内利用其他各种能源产生的能量总和，还要多 10 000多倍。

如此巨大的能量，它不用费人类一分钱就可得到，多么廉价！而且，太阳能又特别干净，不会造成任何环境污染，多么美好！正因为太阳能有如此多的优点，才使人类自古就懂得利用，但利用得很少很少，太阳能成为当今人类重新刮目相看的新能源。

最直接利用太阳能的途径是更多地索取它的热量。人们从生活的实践中体会到，穿黑色的衣服比穿白色的衣服保暖，于是出现了最简单的太阳能蓄热体。

这种蓄热体就是一个带玻璃盖的双层大木箱。木箱内表面涂成黑色，以便吸收更多的太阳热。再在木箱隔层中铺上绝热材料。将这种木箱放在太阳光下，可在箱内产生一二百摄氏度的高温。可用来热水、加热各种物品。如在里面通上水管，就可以得到源源不断的热水，用来洗浴或加温温室，还可以用来作干燥室和消毒器的高温源。

随着塑料工业的发展，出现了透光塑料薄膜。这种塑料薄膜透明度好，可以吸收更多的太阳光；同时，它又具有隔热保温性能，可以储存太阳热。现在我国农村已经广泛应用塑料薄膜来制作温室，或塑料大棚。在这种小空间内，可以形成四季如春的小气候，使蔬菜在严冬生长、水果提前结实。在我国北方地区，由于有了温室，人们可以四季吃到新鲜蔬菜和水果。

在沙漠大海等缺乏淡水的地区，可以利用太阳能蓄热器作蒸馏室。把含有矿物盐类的水或海水蒸发，再变成淡水供人们使用。有的大型太阳能蒸馏器每天可以生产 80 吨淡水，为那里解决饮水问题。

用太阳能来作空调器也很有意思。这种空调器包括有平板式集热器和管道。当天冷时，可以用热水加温；当天热时，可以使水蒸发，吸收热量而降温。利用太阳能吸收式制冷机，还可以制冰哩。一台采光面积 1.44 平方米的制冷机，在一天时间里，天晴时可用 24 摄氏度的水生产 18 千克冰。想不到吧，冷冷的冰竟可用热热的太阳光来制造。

叙拉古城的奇迹

公元前三世纪，罗马人发动了一次侵略希腊的战争。有一次，一艘名叫“马采尔”号的战船，载着罗马士兵，驶过地中海，向着希腊的叙拉古城开来。

形势十分危急，当时的叙拉古城毫无设防，没有足以回击战船的武器。怎么办？有幸的是，著名的科学家阿基米德正好住在这里，他急中生智，想出了一个摧毁敌船的办法。那一天，天气晴朗，太阳当空照耀。阿基米德动员全城的妇女，每人拿着一面镜子，大家都齐心合力，用镜子把太阳光都集中反射到“马采尔””号战船上。这艘战船是用木头造的，挂有布帆。在聚集的太阳光照射下，船身和帆布起火

叙拉古人用镜子反射太阳光烧敌船

了，大火把船烧毁了，把罗马士兵烧死了，叙拉古城得救了。

叙拉古城发生的奇迹是怎样得到的？是利用了太阳能。从这个故事中我们可以看到，人类自古就知道用镜子来反射太阳光。

不过，用镜子聚集太阳光的最好办法，还是凹面镜。这一点，我国古代劳动人民早就懂得。在汉代学者王充写的《论衡》一书中，就有“铸阳燧取火于日”的记载。阳燧是当时一种利用太阳光取火的工具，实际上就是一种凹面镜。

凹面镜是一种带曲面的凹形镜，太阳照在它上面，可以反射到一个焦点上。现代的凹面镜，一般呈抛物线形，它可以将80％以上的阳光聚集在焦点上，使那里得到很高的温度。

用凸透镜也可以聚集太阳光。18世纪时，法国化学家拉瓦锡做过一个试验。他用玻璃做了一个直径为1.32米的凸透镜。当阳光照射到这个镜上时，会通过透镜聚到一点。在这个焦点上，也会得到极高的温度。若把熔点达1540摄氏度的铁和熔点达1750摄氏度的铂放到焦点上，都会熔化成了液体，可见温度之高。

现在，利用凹面镜来制成太阳能集热器已经很普及了。比如有一种聚光式太阳灶就像一把伞，不过它是倒撑着向着太阳。一个直径

1.5 米左右的太阳伞，可以在焦点上得到四五百摄氏度的高温，足以烧水、做饭，在野外使用极为方便。为了有效地反射太阳光，一般都用涂铝的涤纶薄膜来制作反射面。为了使太阳运动时，伞面也随着运动，阳光永不偏离，又出现了一种自动追光式太阳灶。

现在我们再回过来继续说古罗马时代阿基米德用镜子烧敌船的故事。有的历史学家认为，古希腊既没有玻璃透镜，又没有镀水银的镜子，即使有反光镜，也不可能把远在地中海里的战船点着。所以，他们认为这个故事是虚构出来的。

不过，法国科学家布丰却认为，即使故事是虚构的，但阿基米德采用的方法却符合科学原理。为此，他决定重复阿基米德的做法。1747 年，布丰在巴黎自家的花园里，摆出了 360 面边长为 15 厘米的正方形镜子。镜子摆成一个抛物线形状，让太阳光反射到 70 米远的一堆木柴上。在一个烈日当头的日子里，布丰在注视着他的试验结果。阳光果真集中到木柴上，明亮的光点把木柴照着刺眼地亮。时间一分钟、一分钟地过去了……不一会儿，木柴开始冒烟，接着出现了火苗，最后真点着了。

布丰的试验证明，阿基米德的方法是对的，不过，根据计算，要烧着 1 千米外的战船，必须有 1000 面直径 10 米的大镜子。如果古希腊有铜镜，铜镜直径为 10 厘米。那么，要烧着 1 千米外的战船，则需要 1000 万小铜镜。在古希腊，能否造出 1000 万面铜镜？古希腊的叙拉古城是否有 1000 万妇女？看来故事不是真的。

但是，故事不真实，并不妨碍科学家去实现阿基米德的理想。1980 年，前欧洲共同体 9 个国家，在离叙拉古城不远的地中海西西里岛，造起了一座由镜子组成的太阳能发电站。发电站安有 180 面大镜子，镜子面积共达 6200 多平方米。它们可以把一只锅炉加热，产生 500 摄氏度和 64 个大气压的高压蒸汽，用来推动涡轮发动机，再推动发电机发电，发电能力可达 1000 千瓦。看来，只要技术先进，用镜子反射太阳光烧毁战船是完全可行的。

现在，世界上建造了许多类似的太阳能热力发电站。法国在东比利牛斯山，建立了一座由 201 面镜子组成的“席米斯”电站，站上安装的镜面总面积达17 500平方米，发电功率达 2500 千瓦。日本在香川县建成“阳光”太阳能热电站，站里共设有 807 面镜子，镜面积达13 000平方米，发电能力为 2000 千瓦。美国在加利福尼亚州巴斯托市附近的沙漠里，建有“太阳能 1 号”太阳能热电站，它装有 1818 个聚光镜，每个聚光镜又由 12 块玻璃镜组成。它可以得到高达 960 摄氏度的高温，可以发电 1 万千瓦。

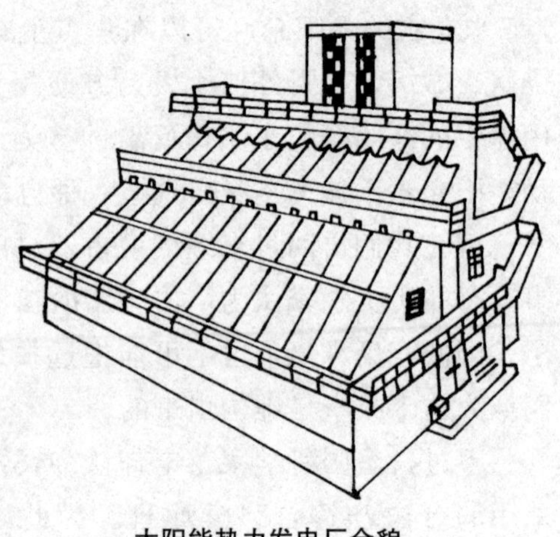

太阳能热力发电厂全貌

我国太阳能资源丰富，全国有三分之二的地区全年日照时间达 2000 小时以上。据估算，一年里投射到我国的太阳能有 1 亿亿千瓦小时，这相当于 1.2 万亿吨煤的能量。目前，我国正在大力发展利用太阳能事业。相信，我国的太阳能资源会得到越来越多的应用。

“蝉翼企鹅”飞上了天

1980 年 8 月的一天，一架样子奇特的飞机停在美国 个机场上。它的名字叫“蝉翼企鹅”号，由美国飞行家麦克里迪设计，由美国国家航空航天局和杜邦公司制造的。

这架飞机之所以奇特，是因为它不烧油，而是以太阳能作动力。它除了有一对大大、长长的翅膀外，机身上方还架有一把类似伞式的“天棚”。原来翅膀上和“天棚”上都装有太阳能电池。太阳能电池在太阳光的照射下，可以直接产生电流，电流带动电动机，电动机带动螺旋桨，从而使飞机得到动力。这架飞机只有 22.7 千克，在一位只有 45 千克重的瘦小的女驾驶员布朗的操纵下，成功地飞上了天。共飞行了 14 分 32 秒钟，飞行距离达 3.2 千米。

这是世界上第一架太阳能飞机。不久，第二架太阳能飞机“太阳挑战者”号又成功地飞上了天。这架飞机机翼和尾翼上共装有 16128 片太阳能电池，电池总面积达 22 平方米，它在海平面上飞行时，可获得 3000 瓦的功率，在高空则可得到更多的太阳能，获得 4800 瓦的功率。这架飞机曾经飞过了英吉利海峡，行程 290 千米，飞行时间为 5.5 小时。由于一天之内光照时间可达 10 小时，所以它的最大航程决不止 290 千米。

太阳能飞机之所以能飞行，得力于太阳能。可是，在过去，利用太阳能发电的方式往往是先把热能变成蒸汽动力，再去推动蒸汽机或燃气机，再带动发电机，这样效率十分低，难以作为飞机的动力。自从有了太阳能电池，太阳能可以直接变成电，效率就大大提高。一个光电池大约可以产生几毫伏特的电动势和几毫安培的电流。由许多光电池串接起来，就可以产生实用的电力了。

将太阳能直接变成电能，这得力于半导体光电转换技术的发展。这种光电池由半导体单晶硅制成，在太阳光照射下，在电池上会产生电位差而流出电流。电流的大小与光的强度和照射面积成正比，而与晶体厚度没有关系。这样就可以把电池做成又薄又轻。由于半导体本身并没有发生化学变化，所以不会有损耗，而且寿命长，一般可达几十年。

太阳能光电池的发明，使人类利用太阳能的水平产生了一个飞跃。如今，太阳能光电池已经在许多方面得到了应用。有的电子表和电子计算器里用的电源，就是太阳能电池。我国上海吴淞口的航标灯，也是用太阳能光电池供电的。它由 9600 片电池组成，总面积为 10 平方米，功率可达 60 瓦。

太阳能光电池最理想的使用之地是高空，因为那里“近水楼台先得日”，太阳能十分充足。现代航天器上，往往就装上了太阳能电池。比如美国1959年发射上天的一颗人造卫星上，就装有一块巨大的太阳能电池板，上面共装有8800个硅光电池。目前90%以上的航天飞行器上，都用太阳能供电设备，功率从几瓦到几千瓦。

人造卫星上的太阳电池

宇航科学家还有一个设想，在宇宙间建立太阳能发电站。这种发电站可以在离地面3万多千米的高空直接安装起来。由于那里没有大气层的阻拦，太阳光的强度要比地面高出40%。这种发电站可由千千万万个太阳光电池组成，面积可达几十平方千米，总功率可达上千万千瓦。发电站的电力可以通过激光或微波的形式传到地面来。地面的激光接收站或微波接收站接收到这些能量后，可以再变成电力。估计这样一座巨型空间太阳能发电站，可以为一个大型工业城市供应电力。相信随着航天技术的发展，人类从太阳那儿直接取得电能的能量会越来越大。

随着半导体技术的进步，太阳能电池的效率也越来越高。如最近日本研制出了一种薄膜型太阳能电池，它的效率特别高，可达12.8%。此外，光电池的成本也在不断降低，使它能很快从“高空”高贵的地位，进到地面普通百姓家。

比如，现在已经有人研制出了太阳能汽车、太阳能自行车。最近，还发明了一种“太阳能电池衣服”，它的衣料是用纤维和太阳能电池合织而成，它可以随时为人供电。可以变成热能为人取暖，也可以为随身携带的录音机、收音机、微型电视机供电。目前，有的国家还在建造太阳能电池电站，其中有的功率达上千千瓦，这就使太阳能直接为工业供电成为可能。

地底下的“大火炉”——地热能

《西游记》小说中描写孙悟空过“火焰山”的故事，世界上真有火焰山吗？有，这就是现代地质学上说的火山。世界上有许多喷火的山，即火山，其中包括死火山和活火山。死火山是过去爆发过的火山，现在已经不再爆发了；活火山是定期爆发的火山。据统计，地球的活火山就有500多处。

1883年，位于印度尼西亚海峡中的一座小岛火山爆发，炸平了这座面积达75平方千米的海岛。美国阿拉斯加地区有一个“万烟谷”，那里的火山不断爆发，使这里2千平方千米地区的水不断蒸发，整天“烟雾”滚滚。据说每秒钟喷出的蒸汽达23 000多立方米。

火山为什么会爆发？原来地球内部是一个“大火炉，也就是大热库，而且越靠近地心，温度越高。地心的温度达2000～5000摄氏度。地心上部的地幔温度达1300摄氏度。地幔上部的地壳底层，温度也有上千摄氏度。

地壳下的高温会造成火山爆发，给人类带来灾难；也会造成温泉等为人类造福。面对脚底下的“大火炉”，科学家不再无动于衷，任其将热能散失掉。他们决心利用这巨大的热来为人类提供能量，这种能量就是地热能。

“温泉水滑洗凝脂”

唐朝大诗人白居易写的著名长诗《长恨歌》中，讲述了唐明皇和杨贵妃的故事。其中有两句诗：“春寒赐浴华清池，温泉水滑洗凝脂。”华清池是长安（今陕西西安）东郊骊山脚下的温泉池，唐明皇让贵妃在春寒时到这里洗澡，池中的温泉洗着她那凝结着脂肪一样白嫩的皮肤。据说，在唐朝以前，汉武帝、秦始皇等，也都在骊山建过宫殿和浴池。东汉科学家张衡，在骊山洗浴之后，还写下了优美的诗词《温泉赋》。这样的温泉，在我国许多地方都有。据北魏时期地理学家郦道元写的《水经注》中记载，我国当时的大温泉就有10多处。各地的地方志史料记载的温泉数就更多了。从这些史料中可以看出，我国至少在秦汉之前，就知道利用地热来洗浴了。

当时，除了用温泉来洗浴之外，还用它来治疗疾病。明朝大药物学家李时珍在《本草纲目》里，列举了“温汤”的许多医疗作用，这里说的温汤也就是温泉。我国黑龙江的五大连池是由火山爆发后形成的，在这里就有许多温泉，这里的温泉也有特别奇特的医疗作用。就连这里的污泥也可以治疗皮肤病哩。

我国古代还知道利用温泉来为农业生产服务。唐朝《元和郡县图志》中，记载了湖南郴县人民用温泉来灌溉田地，使农作物可以一年三熟，达到早熟增产的目的。

温泉只是地热的一种表现形式。它是雨水流入地下，被地热加温后，从泉眼中流出的一股温暖的泉水。温泉水由于地质情况不同，含有的矿物质也不同，所以有的温泉水有明显的医疗作用；温泉水在地下加热的程度不同，流出地面后，温度也不同。有的温泉水温较高，可以煮熟鸡蛋。

火山爆发是地热剧烈活动的形式，这种形式释放的能量十分大。

西藏的热泉

比如1960年5月22日在智利发生的一次火山爆发，释放的能量相当于爆炸了10万颗普通大小的原子弹。美国阿拉斯加卡特迈火山区一年喷出地面的热量竟有40万亿千卡之多。

据估计，全球每年从地底下的“大火炉”里，传到地球表面上的热量，相当于燃烧1000亿桶石油放出来的热量。这是一个多么惊人的大热源啊！不过，目前我们还难以直接利用火山爆发产生的热量，他是我们可以开发地下流出的热水和冒出的蒸气。

地热可以直接用来取暖。位于北大西洋的岛国冰岛气候十分寒冷，但这个国家地热资源丰富，所以就用地热供暖，这个国家有40%的居民都享用到地热带来的暖气。冰岛首都雷克雅未克从1930年开始用地热供暖。每天有千万吨温度达87摄氏度的地下热水流入千家万户，仅这一项就可节省65 000吨煤。

我国天津市过去烧锅炉用的是地面水，为此每年要消耗700多万吨煤。后来，改用地下热水来烧锅炉，由于地下热水温度可达到33～

51 摄氏度，因此可以节省 80%的煤。

前面我们已经讲到温泉的洗浴，治病和加温土壤的功用。现在运用它来建温室、防治病虫害和保护鱼类越冬等。在工业上，可用它来提取化学药品，还用它来印染、造纸、制革、熬胶、纺织、蒸馏和发酵等。

有的国家还在研究利用更深一层的地下热能。在几千米的地层深处，那里没有水，不会流出热水，也不会冒出蒸汽，但那里的岩石十分干热。怎样把干热岩里的热引出来呢？美国人试验对干热岩打两个井，一个井中灌进冷水，冷水被干热岩加热，热水就从另一个井中流出来。前苏联也曾试验过这种方法，不过从另一个井中冒出的是蒸汽，据说，用这种方法可以从干热岩中取出 2000 万卡到 5000 万卡的热量。

羊八井的“福气”

在我国西藏的羊八井，有一座独特的发电站，它使用的燃料，既不是煤，也不是石油；它不靠风力、水力，也不靠太阳能工作。它靠什么工作呢？靠地热。这座当今中国最大的地热发电站，可发出 1.3 万千瓦的电力。这真是西藏高原的福气。因为在羊八井，有丰富的地热资源，从这里地下冒出的热气，推动着涡轮机，带动发电机发电，这地下热气真是名副其实的“福气”啊。

用地热发电，不用烧煤，也不用使用其他燃料，所以十分方便，而且干净。一般地热丰富的地区，地热会以多种形式表现出来，只要加以有效的利用，就可以用来发电。

地热常常以干蒸汽、湿蒸汽和热水三种形式出现。对于干蒸汽来说，使用它发电特别方便，把这种蒸汽直接引入涡轮机，就可以推动发电机。这种发电方式，和烧煤的火力发电相似。可惜的是，冒干蒸汽的机会比较少，它只有冒热水和热蒸汽机会的1/20，所以干蒸汽发电站较少。

湿蒸汽中除含有蒸汽外，还含有热水。因此，用它发电时，在进入涡轮机之前，要先通过扩容分离器或热交换器把蒸汽和热水分开。这样，蒸汽可以直接用来推动涡轮，而热水则可以作别的用途。

如果冒出的是热水，用它发电，就得想办法变成蒸汽，再进入涡轮机。方法有多种。其中一种是将热水减压，这样它就会马上沸腾变成蒸汽。为此，必须先将热水送到一个减压扩容器里。另一种方法是借助于别的低沸点物质，如氯乙烷、正丁烷和氟利昂等。这些物质沸点很低，稍稍加温就可以蒸发而变成蒸汽。因此，先将地热产生的热水去加温这些物质，这些物质产生的蒸汽就可以推动涡轮机。

地热发电使用的“燃料”是不花钱的，所以各国都在加以研究。但是，地热发电也有一定的困难。比如，不是每一个地方都有地热资源，另外地下冒出的热气、热水并不干净，它要经过净化，即使这样，还会对各种设备产生腐蚀。这样也就限制了地热发电站的发展。

世界上最早建起地热发电站的国家是意大利，时间是1904年。后来，美国、新西兰、日本、澳大利亚和墨西哥等国也相继建立了地热发电站。其中以美国的地热站发电功率最大，最大单机容量达11万千瓦。而日本则准备在本世纪末建成容量为1000万千瓦的地热电站。

我国地热资源丰富，据勘探表明，有14个省、市、自治区的30多个地区的地热资源储量大、面积广，有很大的开发前景。从1970～1979年，我国已建成了7座地热发电站，其中以西藏羊八井的发电站最大。其次还有湖南灰场、河北怀来、江西宜春、广东丰顺地热电站等。其中以湖南灰场地热电站运行最佳。它不仅达到了长期稳定发电，而且发电后的余水还得到了综合利用，可以用来灌溉农田、温室育苗和医疗等。

“动力之乡”——海洋

到过大海的人，无不对海洋的威力而折服。滔天的海浪像巨龙般在海上翻滚、汹涌的潮水像猛虎冲击着海岸、奔腾的海流像飓风般跃过海面……这是多么大的动力啊！

海洋资源十分丰富，请看，地球表面有71%的面积是海洋。我们上面说的还只是海洋表面上的力量，如果再深入下去，还会发现海里有更多的能源。海水蕴藏着巨大的热源，海底埋藏着丰硕的石油和原子能矿藏。所以，把海洋比作“动力之乡”毫不过分。

海洋能从本质来说，可以分成两大类：一类是由太阳能诱发的海洋热能和动能。另一类是由天体的引力造成的海洋潮汐能。前一类能源之源是太阳。太阳把它的热量储存在广阔的海洋里，使海水温度比空气高。利用这些热量可以加温土壤和发电。海水温度的差异产生海流和波浪，温差和海水动力都可以用来发电。月亮和太阳等天体对海水的吸引，产生潮汐，利用潮汐也可以发电。

然而，人类至今对海洋的开发还很少很少。有人预言，21世纪将是海洋的世纪，也就是说，未来世纪是开发海洋的时代。开发海洋是多方面的，比如发展海面上和海水内的交通，开发海洋的资源和动力等等。而开发海洋的动力和矿物燃料，则是开发海洋能的重要内容，如果说，地球陆地上下的矿物能源已经开采得差不多的话，那么，海洋上下能源的开发还几乎是刚开始哩。

储存太阳的“仓库”

生活在海边的人有一个明显的体会，就是冬暖夏凉。这是因为海洋是地球上的一个大水库，它的热容量要比空气大得多，所以可以储存大量的太阳热量。当冬天气温低时，它温度高；而夏天气温高时，它又显得温度低。

空气的热容量为每立方厘米0.000 306卡，这就是说，要使每立方厘米空气的温度升1度，只需要0.000 306卡的热量。而陆地的热容量为每立方厘米0.5卡、海水的热容量为每立方厘米0.956卡。这是多么大的差异啊！也就是说，对于相同体积的海水、陆地、空气来说，每升高1摄氏度的温度，海水储存的热量是陆地的两倍，是空气的3000倍。海洋面积如此之大，海水又如此之多，它储藏的热量就极大极大了。难怪有人说海洋是储存太阳能的“仓库”哩。

从海洋温度的水平分布看，热带地区洋面储藏的海洋热能最多，极地最少。我国南海北部全年平均水温为25～27摄氏度，南海南部终年水温为28摄氏度，而极地表面温度只有2摄氏度。从海洋温度的垂直分布看，表面温度较高，海洋深处温度较低。我国黄海夏季海水表面温度约30摄氏度，热带地区海水表面温度为25摄氏度，而在4000米的深海，温度可降至零下1摄氏度。所以，海洋热能主要储存在中、低纬度地区的表层海水中。

海水中有这么大的热量，可不可以用它来发电呢？早在20世纪20年代，就有人这样设想过。发电原理十分简单，想法使热的海水蒸发，变成蒸汽推动涡轮机，涡轮机再推动发电机发电；从涡轮机出来的蒸汽再引入海洋深层的“冷水”中，又可凝成冷水。不过，由于技术的复杂，当时未能变成现实。直到20世纪30年代，这一设想才终于付诸了实践。有人在海上“建造”了一个竖井，使海面的海水和500米深处的海水，分别构成一个“热源”和一个“冷源”。利用热源去推动一台 22 千瓦的蒸汽发电机。1955～1956 年，在西非海岸终于建起了一座规模较大的海水温差发电站。它利用海水 20 摄氏度的温差，发出了 7500 千瓦的电。

海水温差发电的关键是怎样使温度较高的热水变成蒸汽。这其中的方法就像用地热发电一样，可以将海水引入真空、低压的汽锅里，使它在低压下沸腾变成蒸汽，也可以利用海水加热低沸点的物质，如氟利昂、乙醚、液态氨等，使这些物质汽化，变成“蒸汽”。

海水温差发电的潜力很大。如果热带地区的海洋有一半用来温差发电，由于发电而使海水温度降低 1 摄氏度，那就可以放出相当大的热量，从而发出大约 1200 亿千瓦的电能，这比当今全世界发电站的总功率还大近 100 倍。事实上，海水的温度是不会下降的，因为它会不断地从太阳那儿取得热量，来补偿失去的温度。

太阳能在海洋上还会诱发出巨大的动能来。由于海水温差的不同，海风的吹拂等等因素会造成巨大的海流和海浪。这些动力也开始被科学家看上，并用来发电。

巨大的海浪可以把十几吨的巨石，抛到 20 米高的上空，甚至可以把万吨巨轮推到岸上。海洋学家估计，每平方千米的海浪面上，海浪的能量每秒可达 20 万千瓦。一个波高 3 米、周期为 7 秒、跨过 10 千米海面的波浪能，就相当一个新安江水电站的电能。用这样的动力去发电该多美啊。

早在20世纪 40 年代，就有人着手研究海浪发电，到 60 年代，终于进入实用阶段。海浪发电机的工作原理，是利用波浪上下运动的动能。有一种波浪发电机是利用海浪，压缩发动机内的空气，带动气轮机叶片转动，从而推动发电机发电。这种发电机的效率可达到 27%。在 1 千米长的海岸线上的波浪，可以发出 6000 千瓦的电来。不过目前试运行的海浪发电机，实际功率还达不到这么大，大约只有 1000 瓦左右。

海流是海水的定向流动。海流宽度一般可达几十海里至几百海里，长度可达几千海里。流速可达每小时1～2海里，甚至可达5海里，由此可见，海流也是一股巨大的动力。因此，有人也在研究利用它发电。

海流其实比陆地的水流更可靠，因为它不受洪水和枯水的影响。但是，海流发电机必须用钢索和锚固定在海上，这就比陆地要困难。

海流发电机是装在一个浮在水面的圆筒上，内部装了一个小型水轮发电机。海流推动水轮，再推动发电机发电。由于它像在海面上漂浮的花环，所以这种发电机又叫“花环式海流发电站”。

海流不是处处都有，它大多发生在墨西哥湾、北大西洋、太平洋黑潮地区。所以，海流发电的地区比海浪发电的地区小。

目前，海浪发电和海流发电还不能广泛应用在各个方面。它主要用来为海上灯塔照明和海上导航，只有少量用在轮船和潜艇用电上。1964年日本建成世界第一盏波力发电航标灯，发电能力为60瓦，它至今还在稳定地运作。但是，它们的发展前途将是很大的，据测量，由我国台湾以东，经东海流向日本的黑潮，就是一股巨大的海流。它宽100海里，厚400米，平均日流速为30～80海里，仅它的流量就相当于目前全世界所有河流总流量的20倍。如果能将它用来发电，那真是“源源不断”啊。

“大海的脉搏”

每年中秋节前后，四面八方的人群，都会涌向浙江杭州湾的钱塘江畔，为的是去观潮。其实，大海朝朝夕夕都在涨落，只不过中秋节前后的钱塘江潮更壮观而已。

自古以来，人们就懂得潮汐的规律。唐朝诗人白居易写的《看潮诗》中，就有“早潮才落晚潮来，一月周流六十回。”的诗句。可是古时人们并不懂得，造成海洋潮汐的“祸首”是远在天外的月亮。

月球用它巨大的引力，吸引着地球的海水。使海水有时涨、有时落。当月球引力和地球自转的离心力的合力背向地心时，就涨潮；面向地心时，就落潮。白天在海面涨落的叫“潮”，晚上在海面涨落的叫“汐”。合起来，就称作“潮汐”。由于海洋中同一地点的海水受的力，每天都有一次面向月球，一次背向月球，周期为 24 小时 48 分，所以，潮汐也有周期性的变化，这就像人的脉搏。正因为这样，所以有人称潮汐为“大海的脉搏”。当然，其他天体如太阳等，也对地球的海洋有吸引力，但由于它们离地球太远，所以作用不明显。

由于地形因素的影响，世界各临海地产生的潮汐大小会不同。我国杭州湾的潮差最大有 8.93 米，而北美芬地湾蒙克顿的潮差高达 19.6 米。潮涨潮落，就会产生动能。据统计，全世界的海洋潮汐能约有 10 亿多千瓦。其中，英吉利海峡为 8000 万千瓦，马六甲海峡为 5500 万千瓦，北海为 3500 万千瓦，北美芬地湾为 2000 万千瓦，我国黄海为 5500 万千瓦。“大海的脉搏”是如此地大，那么，能不能利用它来作动力呢？

其实，早在 1000 多年前的唐朝，我国劳动人民就利用了潮汐的动力，当时沿海一带的人民利用潮水来碾磨粮食和压榨甘蔗汁。50 年代，我国还建起了潮汐水轮泵站，利用潮汐带动水泵，提取水来灌田。

潮汐能作动力，也一定可用来发电吧？科学家早就有这个想法。1912 年，法国工程师在北海沿岸修了一座试验性的潮汐电站，拉开了潮汐发电的序幕。20 年代，科学家们来到法国西北部的英吉利海峡朗斯河口，发现这里的潮汐适合发电。它的潮汐落差大，有 13.5 米；河口窄，只有 750 米宽，有利于修建拦海大坝。如果在大坝中间装上水轮发电机，就可以让潮水推动叶轮，带动发电机发电。1956 年，科学家在这里终于建起了一座试验性潮汐电站。通过试验，验证了发电是可行的。于是，从 1960 年开始，在这里正式建立起实用性潮汐发电站，1966 年工程完工。这座电站共装有 24 台 1000 千瓦的水轮发电机组，一年可发电5.44亿千瓦小时。

潮汐发电站

我国也于1958年开始研制潮汐电站。到1979年，已经建成了山东乳山潮汐电站，装机容量为300千瓦；山东金港潮汐电站，装机容量165千瓦；浙江小沙山潮汐电站，原装机容量为40千瓦，后改造为200千瓦；浙江象山潮汐电站，装机容量为100千瓦。我国沿海潮汐资源丰富，据统计，如果全部用来发电，可得到1.1亿千瓦的电力，其中可供开发的达3500千瓦。如果这些潮汐都能利用，将是一种可观的动力。

到海里去取宝

20世纪初，有人在美国墨西哥湾的海面上，发现飘浮着一层闪闪发光油花。人们奇怪，这油花是什么？是从哪儿来的呢？人们捞起一些油花来分析，发现是石油。要知道，当地并没有在陆地开发石油，也没有人往海里倒石油啊。于是，有人分析，这石油不是从陆地来的，而是来自海底。就这样，人类开始了海底采油的历史。

海底有石油，这一点儿也不奇怪。因为石油是古代有机物沉积而变来的。在海洋里，有适合生物生长的环境，也有使生物变成石油的条件，只是由于它躲在海底下，人们一时还难以发现它，更谈不上开采它而已。

后来，科学进步了，寻找石油的方法也更先进了，人类探测海底石油方便了。比如，有一种海上人工地震法，就能探测石油。该法是用炸药在海上放炮，放炮产生的地震波向海下传播，当这种波遇到海底不同的岩层层面时，就会反射回来。有石油的地层，往往是由不同性质的石头构成的，上面是不透水的页岩，下面是疏松多孔的砂岩。

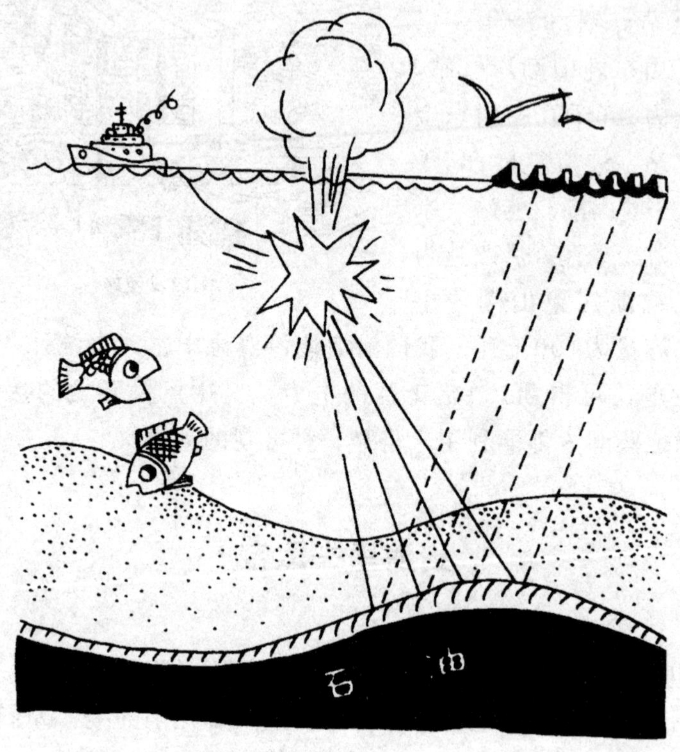

海上人工地震法寻找石油

地震波从这种地层反射回来后，可以用磁带记录下来，经过计算机分析，就能探出是否确有石油存在。地球上的油田，包括海底油田，80％都是用这种方法发现的。

据普查显示，海底不但有石油，而且藏量极为丰富，仅就目前探测出的，就占地球上石油总储藏量的1/3。

知道海底有石油，这是第一步。下一步是如何开采。在海上采油，可比在陆上困难得多啊。即使在大陆架浅水区，水深也有 20 米，深水则有二三百米。所以，要用一套特殊的设备，才能在海上采油。

海上采油一般是用钻探船。这种船最早出现在20世纪40年代。船表面上像是一个浮在海面的平台，实际上平台是由支柱固定在海底。在平台上安装有钻井。钻井的形状和陆地上的一样。钻完之后，平台可以卸下，移到新的地方安装。现在，出现了一种自航式钻探船，它可以像船一样航行，在深于 200 米的海域作业。

海上采油，现在已经不新鲜了。那么，海底有煤吗？能不能从海底采煤呢？回答也是肯定的。

据有关资料显示，目前世界上已发现的海底煤田达 100 多个。主要分布在澳大利亚、英国、希腊、冰岛、加拿大、土耳其、芬兰、法国、智利、日本等国近海水域，我国近海水域也有发现。

最著名的海底采煤工程是在南美智利的麦哲伦海峡，它是地球最南端的煤矿，煤层厚度达 30 米，总储量达 5000 亿吨。日本的开采煤有 30％来自海底，主要集中在北海道和九洲。

海底采煤的方法一般是开凿海底坑道，采用机械化设备将煤运到海面。这真像“黑龙出海”了。

海里还有一种重要的燃料，那就是原子能资源——铀和氘。这些资源大都分布在海水中，由于很分散，提炼起来十分困难。比如铀，从 1000 吨海水中，也提炼不出绣花针大小的重量来。

但是，科学家也不放过这些可贵的资源，并想方设法来提取。有一种吸附法，可以提炼铀。不过这要处理大量的水。如果每小时不断地吸附 1 亿吨海水，一年可提炼出 1000 吨铀来。而要让这么多海水流经吸附床，则要设置几千台大水泵。这当然是十分困难。

还有一种海洋炼铀法，就是从绿藻中得到铀。绿藻是一种海藻，它在生长过程中会自动吸取铀。据估计，1 千克干绿藻中含有 0.3 克铀。这种方法提炼铀为原子能的利用带来新希望。

不尽能源滚滚来

世界上有形形色色的能源，由于有了它们，才使这个世界充满活力，才使人类有了改造世界的力量。

我们上面讲了许多古老的和新型的能源，它们只是能源舞台上常来常往的主角。古老的风力、水力和煤炭，在能源历史上写下光辉的一页；常“演”不衰的能源角色是石油，这位老将如今又焕发出了青春；太阳能、原子能、地热能、海洋能，这些能源的新军，将在未来的世纪中大显身手。

但是，我们还不要忘却那些被人忽视但大有开发价值的能源。它们虽然名声不大，但常常在你眼前闪过。比如垃圾、沼气、酒精、氢、某些绿色植物等，它们都是可以开发的奇特能源。

随着现代工业的发展，人类对能源的要求越来越大。在本世纪前半期，煤炭是能源的主角；从 1967 年开始，石油超过煤炭而成为人类的第一能源。据估算，到 2000 年，全世界对能源的需求量将增加 2 倍至 7 倍。而以前探明可开采的石油储量还剩下 900 多亿吨。如果按每年开采 30 亿吨计算，地下可开采的石油只够开采 30 年。目前探明的煤炭可开采量还有 7000 多亿吨，估计还可开采 230 年。目前探明的天然气可开采量只剩下 70 亿立方米左右，只能开采 48 年。由此可见，能源已经出现了危机。

为了克服能源危机，除了继续探查煤和石油资源外，就是开发新能源和各种辅助能源。下面我们就来见识见识那些令人“少见多怪”的辅助能源。

从石头里榨油

我们常常用“从石头里榨油”这句话来形容办不到的事，然而，有一种石头，真的能榨出油来。这种石头就是油页岩。

油页岩可以说是煤的孪生兄弟，因为它常常和煤共生在一起。为什么它与煤有这样亲密的关系呢？这是因为它与煤形成的环境条件差不多。

油页岩和煤一样，也是由古代植物演变而来的，不过煤是由高等陆上植物变来的，而油页岩主要是由水中植物中的藻类等低等生物腐烂后变化成泥浆而形成的。

油页岩的化学成分也与煤差不多，主要是由碳、氢、氧、氮和硫等元素组成的。因此，它与煤一样可以燃烧。不过，油页岩这种固态的可燃的有机岩，发热量比煤要低，只有煤的1/5～1/2。比石油的发热量就更少了。燃烧 1000 克油页岩，只能发出几百到几千千卡的热量。原因在哪里？原来是油页岩含灰量太大，所以要有效地利用油页岩的能量，先得除灰。此外，由于灰多，燃烧时产生的烟也多，所以还要有排烟和除烟装置。

油页岩虽然燃烧性差，但由于它在地下的储量很大，所以也是一种不可忽视的燃料。据估计，油页岩的储量按能量计算，可达 52 亿亿千瓦小时，这比煤、石油和天然气的储量还高。光目前含油量达 4％以上的油页岩储量，折算成石油，可达 4750 亿吨，这比已探明的石油储量还大好几倍。美国、俄罗斯、巴西、澳大利亚等国，都储有丰富的油页岩。美国 90 年代每天可生产油页岩油 30 万桶。

我国油页岩的储量也很丰富。目前，世界发现的油页岩矿床，大都在近海地区；而我国则以内陆湖地和盆地居多。其中辽宁抚顺和广东茂名、吉林农安储量最多。此外，黑龙江、内蒙、山西、陕西、山东、甘肃等地也有出产。抚顺第三纪煤系中，所产的油页岩十分著名。而广东茂名已探明的油页岩储量就达 70 多亿吨。

怎么使用油页岩呢？目前有直接作燃料、提炼石油和生产化工产品多种用途。

直接作燃料主要是西欧一些国家的用途。他们将发热量较高的优质油页岩，粉碎成细粒，送进锅炉里去燃烧，产生蒸汽去推动发电机发电。也就是用于火力发电。前苏联的大型油页岩发电厂，发电能力可达上百万千瓦。不过，这种发电厂效率较差，污染也很大。

用油页岩在干馏炉里加热，即可生出油气，冷却后就成了油页岩油。这种油粘度大。进一步加工，就可以得到汽油、煤油和柴油等燃料。干馏时，还可产生气体燃料，类似煤气。

直接作燃料和提炼石油都是用来作为能源，而生产化工产品是干馏油页岩而得到的副产品，其中有硫酸铵、酚类等。硫酸铵可作肥料，酚类可以供合成纤维、合成塑料、合成染料和合成药物等用。干馏后留下的灰渣也可用来作水泥、陶粒等建筑材料。

目前，有的国家还打算在地下就地干馏油页岩，而不必挖出来，这样就可以像采石油一样，从地下直接开采出油页岩油来。

用“酒”开车

看到这个标题，你会奇怪：酒后开车是违法的呀，司机醉酒开车不出交通事故才怪哩。

请你不要误会，这里说的用“酒”开车，不是叫司机去喝酒，而是用酒精作燃料，当作汽车的动力。

说到酒精燃料，你大概不会感到意外：度数很高的白酒，确实能用火柴点出火苗来。白酒的主要成分是酒精和水。度数越高，含酒精量越高，烧起来火苗也越大。

酒精的化学名称叫乙醇，它也是一种碳氢化合物，是一种很好的燃料，而且发热量很高。1000 克酒精完全燃烧时，可放出 7100 千卡的热量，发热值与煤差不多。如果用它作动力驱动汽车，1 公升酒精可以供汽车在马路上行驶 16 千米。

用酒精作燃料还有许多优点。首先它的抗爆性能特别好。大家知道，一般汽油都要加含铅防爆剂，这样会造成污染和中毒事故。而酒精不用加防爆剂，本身就具有防爆能力。所以在防爆性能方面，它相当于高级汽油，也就是 100 号汽油。此外，燃烧酒精污染特别少，它可以和空气完全燃烧，产生的有害废气少，发热率高。

其实，用酒精作燃料，在航天飞行器上，已经有了先例。1937 年，德国研制的 V－2 火箭，所用的推进剂中，就有液态氧和酒精。1943 年，美国研制的 X－1 火箭飞机，所用的火箭发动机燃料中，就有液态氢和酒精。V－2 火箭曾被德国法西斯头子希特勒当作“复仇”武器，而 X－1 火箭飞机则使人类第一次乘航空器超过了音速。

既然酒精燃料有这么多好处，又在航天器上成功地使用了，那为什么用酒精作燃料的车普及不了呢？原因是酒精系二次能源，大自然没有现成的酒精可开采，必须人工生产。而生产酒精的工艺比较复杂，成本高。所以，科学家正在研究开发更多、更便宜的酒精和更方便、更简易的提取工艺。

酒精既然是一种酒，那么它的原料和工艺也和制酒差不多。它的原料主要是淀粉和糖，主要工艺是通过微生物来发酵。

淀粉和糖存在于植物体内，目前生产酒精用的都是一些含淀粉和糖分高的植物。如甘蔗、甜菜、菠萝、玉米、马铃薯、木薯、地瓜、土豆等。还有一些树木，如桉树、杨树等，有些水草、水藻也在选之列。不过大家可以想到，这些植物都是人类生活的必需品，不可能大量用来生产酒精。所以，要大力发展酒精燃料，必须开发新的原料。

再说发酵剂，目前的发酵剂发酵速度不快，这样也影响生产酒精的速度。

为了使酒精燃料真正成为动力能源，科学家正在多方面努力。有意思的是，有一件事倒给科学家很大的启发。

第二次世界大战时，在南太平洋一个小岛上驻守着一些士兵。一天，他们突然发现，身上的子弹带和别的纺织品，都被某种东西“吃”掉了。他们十分不解，到底是什么东西呢？后来经过研究，发现是被一种微生物吞食了。这种微生物是这里特有的，叫绿色木霉。它是一种真菌，它会分泌出一种催化剂来，破坏物质的纤维素。这种催化剂叫纤维素酶，它可以折断纤维素的分子长链，变成葡萄糖分子，于是把子弹带和纺织品“吃”掉了。

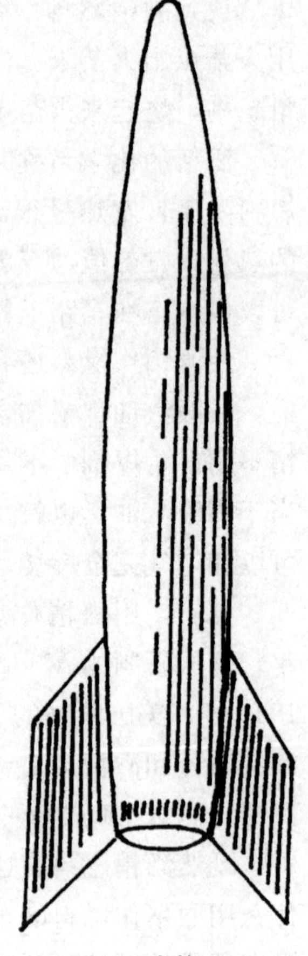
V-2火箭

科学家一听这个消息，高兴地想，只要找到类似绿色木霉的新菌种，就可以把带纤维素的植物变成酒精了。而带纤维素的植物有的是啊！树枝、树叶、竹子、草茎、秸秆、棉、麻……身上都有大量的纤维素。据估计，全世界的植物，一年通过光合作用产生的纤维素就有1500亿吨，多么广泛的原料来源啊。看来，用酒精作能源开车不会太遥远了。

目前，世界上有许多国家已经有了用酒精开车的先例。巴西盛产甘蔗，于是利用甘蔗渣来生产酒精，每年生产量达10亿加仑。巴西全国有上百万辆汽车使用酒精或酒精、汽油混合燃料。在圣保罗市街头，甚至设有“酒精加油站”。美国能源部也计划到2000年前后，让相当一部分汽车改用酒精作燃料。澳大利亚、日本、菲律宾、南非、印度、印度尼西亚、加拿大、瑞典、德国等也在发展酒精燃料，以弥补石油的不足。看来，用“酒”开车决不是玩笑！

提起酒精，不得不说一下酒精的“大哥”甲醇。1998 年 2 月，山西朔州发生一起严重的饮用毒酒造成多人死亡的惨案。造成中毒的元凶就是甲醇。

甲醇其实也是一种易燃的液体，可以作燃料。它也是一种碳氢化合物，也像乙醇（酒精）一样无色透明，而且有酒精味。由于甲醇价格比较低，所以不法分子用它来造“假”酒。

然而，甲醇是一种有毒的化学物质，它可以直接侵害人体的细胞组织，特别是损害人体视觉神经细胞，导致失明甚至死亡。

食用酒中含的是食用酒精，其中不含甲醇或只含极少量的甲醇。这是因为生产白酒的过程中，会自然产生甲醇和乙醇等有机物质。而甲醇和乙醇的沸点又很接近，甲醇为 64℃，乙醇为 78℃，所以在蒸馏分离酒精时，不可避免地有少量甲醇进入白酒内。不过，按国家标准规定，60 度白酒中甲醇含量每 100 毫升不得超过 0.04 克。

山西朔州发生的“假”酒事件，其实不是假酒，而是毒酒，是用劣质工业酒精兑制而成的，其中含甲醇浓度极高。

上面说过，甲醇是一种有毒液体，但从能源角度看，它却是一种很好的燃料。据报道，我国有关方面正在研究用煤来生产甲醇，并用甲醇作为汽车的燃料。我国和美国福特汽车公司正在合作研究，把山西及其他地方的富煤区的煤转化成汽车燃料——甲醇。美国福特汽车公司与山西大同汽车制造厂合作，已经制出了我国第一辆使用甲醇燃料的汽车。

由于山西采用了新工艺，可用炼煤过程中的焦炉气制取甲醇，这样既减少了对大气的污染，又可以得到宝贵的燃料资源。因此，山西将成为我国甲醇燃料和甲醇动力汽车的重要基地。可以想像，在不久的将来，一批批甲醇汽车将从山西开往全国。

“氢气”飞行器

氢气球和飞艇是一种古老的飞行器，这种轻飞行器早已告别航空舞台，进入历史博物馆了。你是否想到，氢气又成了现代航空动力家的目标，一种新型的氢能飞机将飞进现代天空舞台。不过，氢能飞机的飞行原理和氢气球与飞艇完全不同，它不是利用氢气产生静浮力，而是利用氢气作燃料产生动力，来推动航空器飞行。

科学家早就发现，氢气是一种高热值的燃料，它的发热本领任何化学燃料都不能与之相比。1000克氢燃烧后，可放出34 000千卡的热量，这相当于焦炭的4.5倍，汽油的3倍，甲醇的2倍。

用氢作燃料，不仅热量大，而且污染少。一般化学燃料燃烧后，会产生二氧化碳、一氧化碳、二氧化硫、碳氢化合物等有害物质，严重破坏环境。而燃烧氢时，它同氧化合生成水。这种水是纯净的，无任何害处。而氢本身也是无毒无味的，即使生成一点废气，也不会对人类和自然产生影响，而且清除也方便。

氢气还有一个优点，贮存和运输都很方便。可以压缩成小体积，也可以变成液体和固体存储。氢气可在－253摄氏度低温下变成液态氢，这种氢可以存在罐子里，也可以用管道运输。有人预料，将来飞机上用的氢燃料就可以放在罐子似的“油箱”中。也有人想像，将来汽车开进路边的加油站，加的不是汽油，而是超低温氢燃料。

由于氢气有这么多优点，科学家早就想用它作燃料，用它作动力来推动汽车和飞机。

早在1948年，美国科学家就试验过用氢气来开动汽车。1965年，世界上出现了第一辆实用型氢能汽车。70年代末，美国和德国的汽车公司先后制造了数辆氢能汽车，并进行了实际运行。至今，德国奔驰公司生产的氢能汽车，已经运行了近百万千米。其中有5辆氢能小轿车和 5 辆氢能货车都已完成了 3 年多的公路试车任务。我国也于 1981 年试制出了自己的氢能汽车。日本研制的一种氢能汽车时速达 135 千米。只需 85 公升的液态氢，就可以行驶 400 千米的路程。

氢能汽车和一般汽车的工作原理相同，也是使用内燃机，不过一般汽车是燃烧汽油，而氢能汽车是直接燃烧氢。氢能汽车和一般汽车结构上有一些改变，最大的不同是“油箱”的设计。液态氢是储存在低温、高压的大圆筒里，压力足有 5 个大气压。大圆筒的容量可达 120 公升，满载时可达 60 千克重。一辆加满氢燃料的中型轿车，约可行驶 400 千米的路程。

氢作为燃料，很早就用在航天器上。比如前面提到许多运载火箭的推进剂，用的就是氢。比如前面提到美国研制的 X－1 火箭飞机，发动机燃料就有液氢和酒精。又如 1987 年 5 月，前苏联发射的当时世界上最大的“能源”号运载火箭，推进剂用的就是氢。现在，飞机动力学家又准备用氢来作飞机的燃料。据计算，用氢作飞机的燃料，其效率要比用航空煤油作燃料要高。相同重量的飞机，用氢作燃料，比用航空煤油作燃料，飞行距离可增加 1.5～2.5 倍。氢是一种最轻的元素，所以最适合在飞机上携带。它不只可以作燃料，呈气态时，还可以提供静浮力。加上它所含的能量大，是一般航空煤油的 2.5 倍，所以氢能飞机载重大、航程远。当飞机的速度超过 3.5 倍音速时，液态氢是目前唯一最理想的燃料。

X－1 型火箭飞机

1979年，美、英、法、日合作拟订了一项改装飞机的计划，就是将几架普通燃料飞机改成用氢能。美国则提出了一项“东方快车”氢能飞机计划。计划中的飞机可载客250～300名，巡航速度为每小时3500～5600千米，从美国纽约飞到中国北京只要2.5～3小时。

也有人研究用氢来直接发电。这种发电设备就是燃料电池，就是用氢气填充电池直接发电。

也许有人会问，氢作燃料如此好，到哪儿去得到氢呢？其实氢气就存在普普通通的水里。水是氢和氧的化合物，将水分解，就可得到源源不断的氢。

不过，由于技术的限制，目前分解水还比较困难。一种方法是电解水制氢，这也需要大量的电。生产1000克氢，得消耗57千瓦小时电，成本太高，得不偿失。还有一种热化学法制氢，就是用加温的方法来裂解水，这又要消耗加温的能量。由此，有人又提出用太阳能来制氢。

后来有人又转而从别的物质里来取氢。因为氢除水中有外，在煤、石油和天然气中都有，因为这些物质都是碳氢化合物。当然，要得到其中的氢，得需要高温、高压，还得加催化剂。总之也需要费一番工夫。

正是由于目前获取氢气十分困难，所以目前氢能汽车还不能普及、氢能飞机还十分难产，但是，氢作为一种前途广大的燃料，将在提取技术成熟后，活跃在能源舞台上。

“生态村”的光辉

在北京的南部，有一个留民村。这个村在全世界都出了名。出名原因不是这个村富得流油，也不是这里有名山秀水，而是这里的生态环境得到了保护，被联合环境规划署表彰为世界上第一个“生态村”。

如果你来到这个村中，会看到家家户户不烧柴，也不烧油，而是烧一种冒蓝色火苗的气体——沼气。连家里点的灯也是沼气灯哩。

这沼气不是从油田里通进来的天然气，也不是工厂生产出来的煤气，而是农民自家生产出来的沼气。

生活在农村的少年，对沼气不会陌生。在污泥塘里，有时会冒起一串串气泡，那就是沼气。你若用玻璃瓶把它收集起来，点上火，它就会冒出蓝色火焰，这和烧煤气、天然气差不多。

污泥地里为什么会产生沼气呢？沼气到底是一种什么气体呢？

仔细分析起来，沼气的来源和煤、石油差不到，归根结底也是动、植物等有机物变来的。各种有机物在一定温度、湿度、酸度和隔绝空气的条件下，经过细菌的发酵作用，就会产生沼气。沼气不像煤和石油那样，要经过千千万万年才能变成。沼气一般只需不长的时间就可造成。它像酒精、味精等物质一样，是发酵的产物。

沼气可能天然生成，也可以用人工方法制造。用人畜粪便、生物秸秆、树叶、杂草一类有机质，放到一个密封的池子里，在一定的温度下，就会有一种甲烷菌在其中繁殖，通过发酵等化学反应，就会产生沼气。

我们在留民村的每家每户屋旁，就会看到这样的发酵池。用管子把池中的沼气引到灶上，就可以作饭；引到灯上，就可以照明。发酵池的原料，都是人畜新陈代谢的废物或绿色植物残败的腐殖质，可以说都是废料。而生产出来的却是供人类所用的能源。它既不污染环境，而且改善了环境，完全符合大自然的生命状态，所以说这个村是“生态村”。

广东顺德新埠也有一个这样的“新能源村”，这个村 84 户人家都用上了沼气，为此，全村全年可节省 700 吨煤。这个村的沼气除用来作饭、照明外，还可以发电。

沼气中主要成分是甲烷，此外还有部分二氧化碳、氢、氮、硫化氢、一氧化碳、水蒸气等。其中甲烷占百分之六七十；二氧化碳占 30%。由于硫化氢有臭味，所以我们嗅到沼气会有异味。沼气中的甲烷是一种很好的燃料，沼气燃烧主要靠它。

沼气发酵理论研究大约只有几十年的历史，所以人工制造沼气的历史并不长。20世纪初，世界上第一个人工沼气池由英国人卡梅龙建成，当时他用自己生产的沼气点亮了街灯，成为城市的一道新风景。

现在，沼气池已经发展到第三代。第一代沼气池依靠的是自然温度将有机物发酵；第二代沼气池可以对城市的废物进行处理；第三代沼气池可以模拟动物的消化过程，对生物能源进行综合利用。

在英国5000个污水处理厂中，有1/3采用发酵法生产沼气。这样既处理了污水，又生产了动力。据估计，英国通过微生物产生的人工沼气可代替本国1/4的煤气消耗量。美国一家牧场，用厩肥生产沼气。每天可处理1650吨厩肥，产生11.3万立方米沼气，可供1万户居民家庭使用。日本一家酒精厂则用生产酒精的废液来生产沼气。一年可以生产1100万立方米的沼气，相当8600吨煤的能量。此外，德国、印度、斯里兰卡等国也在发展沼气业。

沼气是一种很适合发展中国家开发的能源，我国早在20世纪50年代就在广大农村推广沼气池。从数量上来说，我国的沼气池数居世界第一，到目前为止，已达700多万个，每年能生产沼气20亿立方米，这相当于400多万吨煤的能量。相信，我国的沼气事业会得到更大的发展，会出现更多的“生态村”。

“石油树”

有人说，许多植物都可以榨油，如黄豆可以榨出豆油、油菜籽可以榨出菜油、桐子树的果实可以榨出桐子油……有没有一种树，可以榨出石油呢？

这确实是一个值得探讨的问题。要了解有没有出产石油的植物，得先了解石油是什么东西。前面说过，石油实际上是一种碳氢化合物，它是古代生物变成的。

我们知道，一般绿色植物经过光合作用，会生成碳水化合物。所以，一般绿色植物是难以生成石油的。不过，有些植物光合作用进行得很彻底，会生成碳氢化合物。所以，这又为我们寻找“石油树”带来希望。

地底下或海底下的石油是几百万年前沉积在地底的生物残骸，在微生物的作用下腐烂，经过泥沙覆盖加压加温而形成的，这样形成的石油来得太慢、数量也有限。

科学家想，既然石油就是碳氢化合物，有的绿色植物经过彻底的光合作用也可以生成碳氢化合物，那么，只要找到这种植物，不就可以大量种植这种植物，从而不断地收获石油吗？

早在1928年，美国科学家艾迪逊在研究橡胶树时，就发现好几种植物的液汁中含有碳氢化合物。从这些植物的树皮、树干、树根、树叶和果实中流出的液体，都可以燃烧。有些植物的液汁，在科学家研究它们之前，当地的老百姓就将它们用来当燃料了。

可惜的是，当时还未发生能源危机，人们对用植物生产燃油的兴趣并不大，所以没有引起重视。

1973年后，由于出现能源危机，促使科学家重视“石油树”的研究。美国加利福尼亚大学教授卡尔文就为此而跑遍了世界各地，企图找到“石油树”。

他的功夫没有白费，在巴西，卡尔文找到一种叫“苦配巴”的树。这种树是一种乔木，可长至30米高、1米粗。在树干上钻一个直径5厘米的孔，就可以流出一种油状树液，成分接近柴油。两三小时流出的“油”可达一二公升。这种树液不必加工，就可以当燃料用。

经过许多科学家的寻找，类似的植物不断找到。如美国有一种杏槐，它的胶汁经过简单加工，可以成为一种燃料油。有人发现，12种大戟科植物，都可生出类似石油的燃油。如产在北美、西欧、非洲的含油大戟，是一种灌木，高1.5～2米，它的胶汁状树液可以制成类似石油的燃料。巴西亚马孙流域的热带森林中，生长着一种油棕榈树，果实可生产燃油。泰国南洋油桐树的树籽也可提取燃油。我国海南岛尖锋岭、吊罗山等地的热带森林中，有一种油楠树，这种乔木和"苦配巴"类似，也可产柴油。一棵树一年可收获多达50千克的柴油。有一种含油桉树，树叶用水蒸气蒸馏，可以得到桉油，这种油与汽油类似，热值可达9400千卡。我国陕西还有一种白乳木，它也会流出一种白色的油，可以用来点灯和作润滑油。南美有一种叫绿玉树，树皮可流出血色液汁，可直接燃烧，因为像牛奶，所以又称"牛奶树"。还有一种马利筋属的草，也会分泌出白色可燃液汁，所以被称为"牛奶草"。墨西哥、美国和以色列等地，还生长一种叫霍霍巴的灌木，它的籽实含有50%的液体蜡，也可以作燃料。菲律宾有一种汉加树，果实含有50%的酒精。

科学家还对有些已发现的含油树，进行了引种，而且取得了可喜的收效。如美国曾引种了"苦配巴"树，在加利福尼亚州建立了种植试验场。结果，100棵"苦配巴"树一年能生产一二十桶柴油。日本也开始在冲绳岛引种"苦配巴"树，以期用它的柴油来开动货车。科学家还试种了含油大戟，结果1公顷含油大戟，一年至少可以收取25桶"生物石油"。据说，经过改良品种后，1公顷含油大戟年产油量可增至325桶。巴西栽种的油棕榈树，3年开始结果，每公顷油棕榈树果实可产油10 000千克。

除了寻找和引种直接产油的"石油树"外，科学家还准备用微生物发酵的办法，使某些绿色植物生产出类似石油、甲烷、酒精等燃料来。如美国发现一种水生藻类，如风信子，经石油菌发酵作用后，每年能生产成千桶"石油"。风信子是一种生长速度非常快的植物，它一年可长100多英尺（1英尺≈0.3米），所以用它生产"石油"，极为神速。

科学家认为，全球绿色植物每年生产的碳氢化合物多达300亿吨以上。只要经过高压、高温加工，就能制造出类似石油的产品来。所以世界各国都十分重视绿色能源的开发。

1977年美国制订了一项生产“酒精”的植物计划，预计到2000年前后，将有相当一部分汽车使用这种绿色燃料。日本也于1970年制订了类似的计划。新西兰计划到2000年，可以从松树中提取能源，来满足全国运输部门的燃料供应。美国于1984年已经开发出了首个人工石油植物园。英国也批准了兴建类似植物园的方案。瑞士打算大力发展绿色燃料，使全国一半以上的石油消耗量都用绿色燃料代替。

变废为宝的垃圾能源

世界各国都在为如何处理越来越多的垃圾而大伤脑筋。能源专家却瞄准了它，准备把它当能源。这是“天方夜谈”吗？不是。

有的地方将垃圾埋在地下，这既费事，又浪费土地资源。有的地方将垃圾直接焚烧，这样既需要费油，又污染环境。

能源专家把垃圾分成类，根据垃圾的不同性质，采取不同的办法，将它们为废为宝，成为各种燃料。

垃圾里有不少可以直接作为燃料的有机废物，如废油、煤渣、木块、纸屑，可以设计专门的焚烧炉，用它加温水，生产蒸汽。蒸汽可以用来作家庭或厂房的采暖供热用。也可以用蒸发推动涡轮机，进行火力发电。一种大型焚烧炉，一天可以焚烧上千吨有机垃圾，生产数千吨蒸汽。日本早在1965年就利用焚烧垃圾来发电。全国建有数十座大型垃圾电站，其中最大的可发出70 000千瓦的电力。法国巴黎郊区也建有3000个垃圾焚烧站。它生产的蒸汽大部分用来发电，少数还可以为居民取暖。据说巴黎7%的住户就享用了垃圾生产的暖气。

为了进一步利用垃圾燃料，能源专家还设计了真空高压加温炉，将垃圾放在炉内隔绝空气加热，可得到甲烷、乙烷、氢气、一氧化碳等气体燃料，焦油等液体燃料，炭等固体燃料。这些燃料既可作能源，又可作化工原料，真是一举多得。

能源专家还准备对垃圾作更精细的处理，制成更方便使用的燃料。比如先将垃圾用机械粉碎，再进行发酵，压成块状固体燃料。每2400万吨垃圾，可制成1300万吨固体燃料。这种燃料的发热量要比木材高一倍。1300万吨固体燃料相当于烧500万吨石油。

有的地方还利用垃圾来制取沼气。比如我们农村的沼气池，大多是用树叶、瓜果皮、粪便等垃圾作原料。美国芝加哥地下管道里的垃圾也被用来腐烂发酵后制成沼气。

由于垃圾内什么都有，所以垃圾可以综合利用。如可以用磁铁吸出其中的铁质回炉再用，再用鼓风机吹出其中的纸片，泡成纸浆后重新造纸，剩下的则可供焚烧作为能源。

垃圾利用前途广大，但是分拣起来特别困难，以致开发这一能源步子不大。不过随着经济的发展和人民生活的提高，垃圾将成为影响人类环境，特别是城市卫生的大问题，所以这个问题将会引起有关方面越来越多的关注。据北京市统计，全市平均每天“生产”垃圾4500吨。1980年全市的生活垃圾就达150万吨，而到1981年竟增至167万吨。日本1977年城市垃圾达4126万吨。美国是世界上第一大垃圾生产国，1976年生产垃圾高达1.3亿吨。如果把这些垃圾都化作能源，那真是“化腐朽为神奇”，变废为宝啊！